Physik macchiato

Kamilla Herber
Illustriert von Thomas A. Müller

Physik macchiato
Cartoonkurs Physik für Schüler und Studenten

ein Imprint von Pearson Education

München · Boston · San Francisco · Harlow, England
Don Mills, Ontario · Sydney · Mexico City · Madrid · Amsterdam

Bibliografische Information der Deutschen Nationalbibliothek

Die Deutsche Nationalbibliothek verzeichnet diese Publikation in der Deutschen Nationalbibliografie; detaillierte bibliografische Daten sind im Internet über http://dnb.d-nb.de abrufbar.

Die Informationen in diesem Buch werden ohne Rücksicht auf einen eventuellen Patentschutz veröffentlicht. Warennamen werden ohne Gewährleistung der freien Verwendbarkeit benutzt. Bei der Zusammenstellung von Texten und Abbildungen wurde mit größter Sorgfalt vorgegangen. Trotzdem können Fehler nicht ausgeschlossen werden. Verlag, Herausgeber und Autoren können für fehlerhafte Angaben und deren Folgen weder eine juristische Verantwortung noch irgendeine Haftung übernehmen. Für Verbesserungsvorschläge und Hinweise auf Fehler sind Verlag und Herausgeber dankbar.

10 9 8 7 6 5 4 3 2 1

13 12 11

ISBN 978-3-86894-077-0

© 2011 Pearson Studium
ein Imprint der Pearson Education Deutschland GmbH
Martin-Kollar-Str. 10-12, D-81829 München
Alle Rechte vorbehalten
www.pearson-studium.de

Lektorat: Birger Peil, bpeil@pearson.de, Irmgard Wagner, irmwagner@t-online.de
Fachlektorat: Prof. Karl-Hermann Cordes, FH Hanover
Korrektorat: Petra Kienle, Fürstenfeldbruck
Herstellung: Martha Kürzl-Harrison, mkuerzl@pearson.de
Satz: m2 design, Sterzing, www.m2-design.org
Druck und Verarbeitung: Bercker, Kevelaer

Printed in Germany

Inhalt

Bewegungen

Druck und Hebel

Teil III: Wärmelehre

Warme Empfehlungen

Wärme

Teil IV: Elektrizität

Elektrisierende Erkenntnisse

Elektrostatik

Gleichstromkreise

Halbleiter

Elektromagnetismus

Teil V: Atom- und Kernphysik
Quantenhafte Erleuchtungen

Schwingungen und Wellen

Licht

Kernphysik

Übersichtlich und praktisch

Anhang

Praxistraining

Weiterführende Literatur

Stichwortverzeichnis

Bevor wir richtig anfangen …

Vorwort
Warum Sie sich auf dieses Physikbuch freuen dürfen

Nach Latte macchiato gibt es auch Espresso macchiato – zu *Mathe macchiato* gesellt sich *Physik macchiato*. Espresso, diese bittere Brühe, wird durch luftig leichten Milchschaum „befleckt" und kann damit auch bei empfindlichem Magen seine anregende Wirkung entfalten. Physik, diese harte Wissenschaft, wird durch lustige, anschauliche Beschreibungen und Vergleiche auch für untrainierte Leser und Leserinnen leichter verdaulich. Wie die *Mathe macchiato*-Bücher hat auch *Physik macchiato* das Ziel, Sie auf eine Entdeckungsreise mitzunehmen durch einen Bereich der Naturwissenschaft, dessen Struktur und Schönheit wir Ihnen mit vielen Cartoons und bildlichen Darstellungen vermitteln wollen.

Wer das Ganze geschrieben hat

Kamilla Herber hat jahrzehntelange Erfahrung als Physiklehrerin am Gymnasium und kennt deshalb die Stolpersteine, die den Schülerinnen und Schülern Schwierigkeiten bereiten. Ihr besonderes Anliegen ist es, auch den Schülerinnen die Freude an der Beschäftigung mit Physik zu vermitteln. Sie hat über „Jungen und Mädchen im Physikunterricht" promoviert.

Thomas Müller, selbstständiger Grafik-Designer, Illustrator und Cartoonist, hat mit großer Einfühlungsgabe die Zeichnungen gestaltet, die durch ihren Witz und die originelle Darstellung die Texte bereichern und lebendig machen.

Mit wem Sie es hier zu tun haben

Begleiten Sie Madame Joulie und Dr. Wattson auf ihrer Entdeckungsreise durch die Physiklandschaft. Dr. Wattson ist ein ernsthafter und gewissenhafter Herr, der in seinem Bemühen, Ihnen die Physik nahe zu bringen, in die komischsten Situationen gerät. Die flotte Madame Joulie hat immer eine pfiffige Erklärung oder einen ungewöhnlichen, einprägsamen Vergleich parat für das, was den beiden im Physik-Wunderland begegnet. So kann Ihnen durch Humor und Aha-Erlebnisse die nötige Büffelei verkürzt und versüßt werden.

Für wen und wozu dieses Buch gedacht ist

Das Buch ist vor allem für die Menschen gedacht, die Physik plötzlich „brauchen". Manche merken vielleicht gerade erst kurz vor dem Abitur, dass ihnen der Durchblick vor etlicher Zeit verloren gegangen ist. Andere haben Physik in der gymnasialen Oberstufe abgewählt und stellen nun entsetzt fest, dass in ihrem Studiengang physikalische Grundkenntnisse verlangt werden. Ihnen soll das Buch den Zugang zur Physik erleichtern. Es führt sie auf sanfte Weise zu den grundlegenden Begriffen und Denkweisen der Physik. Damit wird auch für diejenigen, die später tiefer in die Materie einsteigen möchten, die Verständnisbasis geschaffen. Natürlich freuen wir uns, wenn die Lektüre auch Menschen zusagt, die Physik nicht unbedingt brauchen, aber „es" schon immer mal wissen wollten.

Wir beschränken uns dabei auf den Bereich, der in vielen Studiengängen als Grundwissen vorausgesetzt wird. Das Buch ersetzt kein Lehrbuch, es soll Ihnen den Einstieg erleichtern und zeigen, dass die entscheidenden Strukturen in allen Teilbereichen ziemlich gleichartig sind, auch wenn es sich um scheinbar so verschiedene Bereiche wie Mechanik, Optik, Elektrizität, ... handelt.

Um das deutlich zu machen, stellen wir ein Kapitel voran, das sonst immer als Teil von Einzelkapiteln an deren Schluss steht, die „Energie". Wir wollen Ihnen zeigen, dass Energie der wichtigste Begriff und der rote Faden in der Physik ist und mit wie wenigen Variationen die Energie in den einzelnen Teilbereichen zu erfassen ist und diese verständlich macht.

Wie Sie dieses Buch lesen sollten

Wir wollen Ihnen nicht vorgaukeln, Physik sei einfach und leicht und komme ohne Mathematik aus. Man kann zwar ihre Grundstrukturen verständlich und mit anschaulichen Beispielen erklären. Wenn es aber dann darum geht, das gewonnene Verständnis anzuwenden, um physikalische Vorgänge quantitativ zu erfassen und Ergebnisse vorauszusagen, ist das nicht mehr ohne Mathematik möglich, auch in unserem Buch nicht. Es wird aber nicht viel sein: Wenn Sie einfache Gleichungen umformen können und die vier Standardfunktionen (lineare, quadratische, Sinus- und Exponentialfunktion) kennen und ableiten können, sind Sie schon bestens gewappnet.

Lesen Sie mutig über die Formeln und Rechnungen hinweg, wenn Sie Ihnen nicht gleich verständlich erscheinen! Wichtig ist, dass Sie Ihr Augenmerk auf die dargestellten Zusammenhänge richten. Wenn Sie diese dann durchblickt haben und sich für eine Prüfung doch mit Rechenaufgaben befassen müssen, können Sie sich immer noch um diesen Teil kümmern – und Sie werden sehen, es ist alles gar nicht so schwer!

Warum ganz hinten ein Praxistraining drin ist

Wenn Sie dieses Buch brauchen, um sich auf eine Prüfung vorzubereiten, werden Sie auch selbst rechnen müssen. Für Anregungen, wie Sie auch dies geschickt in den Griff bekommen, finden Sie im Anhang Übungsaufgaben. Wir haben diese Aufgaben in den Anhang gestellt, damit Ihr Lesevergnügen nicht immer wieder unterbrochen wird und auch um diejenigen unserer Leser nicht zu vergraulen, denen es nur darum geht, beim vergnüglichen Lesen Erkenntnisse zu gewinnen.

Im Internet unter www.Pearson-studium.de erhalten Sie die ausführliche Lösung zu diesen Übungsaufgaben. (Nach einem Klick auf das Buch *Physik macchiato* klicken Sie auf den nebenstehenden Button für Studenten.) Außerdem finden Sie ein paar Bilder des Buchs. Sie können sie als Folie verwenden, wenn Sie sie in Ihren Unterricht oder in Ihr Referat integrieren möchten.

Danke!

Auch wenn der physikalische Inhalt dieses Buchs durch die Orientierung am Grundwissen feststand, war es eine mühevolle, aber auch spannende Arbeit, die Ideen der Autorin, des Illustrators, der Lektorin und des Fachlektors aufeinander abzustimmen. Der Austausch darüber, wie die physikalischen Grundlagen anschaulich und leicht verständlich, vereinfachend, aber nicht verfälschend, originell, witzig und leicht zu merken dargestellt werden sollten, erforderte viele Gespräche und (fast) unendlich viele E-Mails. Wir gewannen überraschende neue Einsichten und hatten trotz vieler Stoßseufzer sehr viel Freude an der Zusammenarbeit und an dem, was nun daraus entstanden ist.

Danke dem Verlag Pearson Studium, insbesondere Doris Linka und Michaela Heine, die das Vorhaben mit Rat und Tat unterstützt haben.

Unser besonderer Dank gilt Irmgard Wagner, die als Lektorin den Entstehungsprozess des Buchs energisch, kritisch, geduldig, anspornend und unermüdlich vorangetrieben hat.

Danke dem Fachlektor, Professor Jörg Ihringer, für seine engagierte und hilfreiche Durchsicht des Manuskripts und seine vielen wertvollen Anregungen. Danke an Professor Karl-Hermann Cordes und die Physiklehrkräfte Karin Neugebauer und Heinz-Rainer Meyer, die Teile des Manuskripts gelesen und manch nützlichen Rat gegeben haben.

Herzlichen Dank an all die geduldigen Lieben aus dem Freundes- und Familienkreis, die immer wieder Sie, die zukünftigen Leserinnen und Leser, vertreten und zur Verständlichkeit unserer Texte und Zeichnungen beigetragen haben.

Danke an Petra Kienle, die dafür gesorgt hat, dass unsere Physik-Animateure fehlerfreies Deutsch sprechen. Danke an Martina Messner, die das Buch gesetzt hat. Ohne ihre professionelle Power bei Satz und Layout wäre das Buch nicht pünktlich fertig geworden.

Der allergrößte Dank geht aber an Sie, liebe Leserin, lieber Leser! Sie sind entschlossen, sich mit den Ihnen noch unbekannten Schönheiten der Physik zu beschäftigen – und Sie lesen sogar dieses Vorwort! Wir würden uns freuen, von Ihnen zu hören, wie die weitere Lektüre Ihnen gefallen hat, und sind neugierig auf Ihre Kommentare. Sie wissen ja: Im Internetzeitalter sind Buchautoren nur einen Mausklick von Ihnen entfernt.

Nun aber los: Viel Vergnügen auf Ihrer Entdeckungsreise durch das Land der Physik mit Madame Joulie und Dr. Wattson wünschen Ihnen

Kamilla Herber · kamilla.herber@gmx.de
Thomas Müller · little@littleART.de

Vorwort zur zweiten Auflage

Wir freuen uns, dass *Physik macchiato* so vielen Leserinnen und Lesern hilfreich war, dass Sie jetzt die zweite Auflage in der Hand halten. Sie ist noch schöner geworden und inhaltlich erweitert und ergänzt.

Wie die anderen Bücher der macchiato-Reihe erscheint *Physik macchiato* im neuen Design. In den Klappen finden Sie Cartoons, die Ihnen helfen, fundamentale Begriffe der Physik und ihren Zusammenhang nie mehr zu verwechseln, und die wichtigsten Energieformeln, die Sie „im Schlaf" können sollten.

In der Neuauflage beginnt jedes Kapitel mit einem Filmstreifen. Die Bilder und die Stichworte zeigen Ihnen, welche Ausschnitte aus dem riesigen Gebiet der Physik in diesem Kapitel behandelt werden. Jedes Kapitel endet mit einer Zusammenfassung.

Das Buch will so für Sie ein täglicher Begleiter sein, in dem Sie nachsehen können und mit dem Sie auf leichte und humorvolle Weise zu Aha-Effekten kommen. So kann es Ihnen das Lernen für die Schule oder Ausbildung, die Vorbereitung für das Abitur oder den Einstieg ins Studium erleichtern. Für alle zum Abitur wichtigen Themen können Sie so das Grundverständnis erlangen, mit dem sich Ihnen auch weitere Bereiche der Physik leichter erschließen. Damit sind Sie auch bestens für physikalische Berechnungen gerüstet; ein paar Rechnungen zum Ausprobieren finden Sie im Anhang.

Zum neuen Design gehört auch, dass in den einzelnen Kapiteln wichtige Zusammenhänge und Hinweise zu Übungsaufgaben jetzt in Kästchen gesetzt sind. Hinzugekommen sind auch Piktogramme, die den Überblick und das schnelle Finden erleichtern, wenn Sie wichtige Grundlagen suchen:

Lampe – am Ende des Kapitels wird kurz und knapp zusammengefasst, was im Kapitel näher beleuchtet wurde.

Rufzeichen – ein besonders wichtiger Absatz, ein Cartoon oder eine Formel (das ist invers dargestellt). Was Sie davor gelesen haben, will Ihnen zu einem Aha-Moment verhelfen, so dass das ganz einfach zu merken ist.

Hantel – Verweis auf Übungsaufgaben, die Sie im Anhang finden. Die ausführlichen Lösungen stehen auf der Internetseite zum Buch. Im Literaturverzeichnis finden Sie Bücher mit weiteren Trainingsaufgaben.

 **Auge** – den Abschnitt genauer ansehen. Hier wird auf größere Zusammenhänge hingewiesen oder Sie finden Einzelheiten, die das Verständnis erleichtern.

 **Buch** – weil die Bereiche der Physik eng miteinander verflochten sind, wird hier auf vertiefende und weiterführende Informationen hingewiesen, die Sie in anderen Kapiteln finden.

 **Internet** – Sie finden im Internet unter www.pearson-studium.de die ausführlichen Lösungen der Übungsaufgaben, weitere Vertiefungen und die Titelcartoons der Kapitel.

Inhaltlich wurden einige Cartoons noch treffender und witziger gestaltet und die Kapitel „Energie" und „Bewegungen" wurden straffer und übersichtlicher strukturiert. Neu hinzugekommen ist ein Kapitel über Halbleiter.

Wir bedanken uns beim Verlag Pearson Studium, insbesondere bei Doris Linka, Birger Peil und Martha Kürzl-Harrison, die die Neuauflage und das neue Design mit Rat und Tat unterstützt haben, und bei Herrn Professor Karl-Hermann Cordes, der das Fachlektorat übernommen hat.

Unser besonderer Dank gilt unserer Lektorin, Frau Irmgard Wagner, die uns mit ganz vielen Anregungen für die verbesserte Neuauflage angespornt hat.

Wir wünschen Ihnen weiterhin viel Vergnügen beim Gewinnen physikalischer Einsichten!

Dr. Kamilla Herber · kamilla.herber@gmx.de
Thomas Müller · little@littleART.de

Energische Einstiege

Energie und Arbeit
Wer hat, der kann

Energie in verschiedenen Erscheinungsformen

Das Interessante an unserer Welt ist, dass sie sich ständig verändert; die Möglichkeit, also das „Vermögen", dies zu tun, nennt man Energie. Aus dem täglichen Leben sind wir ja vertraut mit vielen Problemen, die mit Energie zu tun haben. Wir sprechen vom „Energiehaushalt", von „Energiegewinnung" und „Einergieeinsparung", wir suchen nach „erneuerbaren Energien", weil wir fürchten, dass unsere „Energiequellen" bald erschöpft sind.

Weil Energie ein zentraler und ganz wichtiger Begriff ist, der in jedem Bereich der Physik von Bedeutung ist, werden uns Dr. Wattson und Madame Joulie gleich zu Beginn erklären, was es damit auf sich hat.

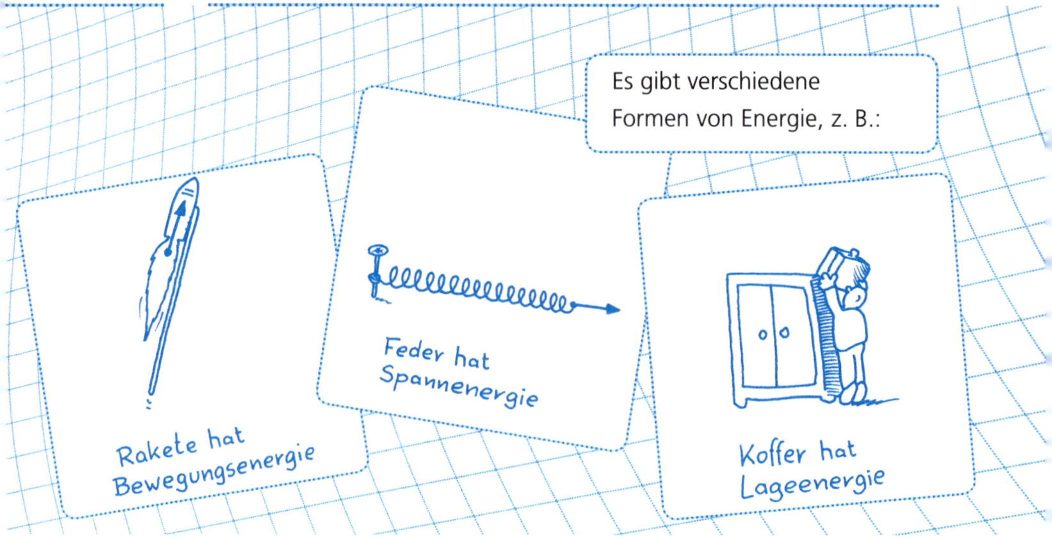

Es gibt verschiedene
Formen von Energie, z. B.:

Feder hat
Spannenergie

Rakete hat
Bewegungsenergie

Koffer hat
Lageenergie

Dass ein Körper **Bewegungsenergie** hat, „sehen" wir, weil wir die Veränderung wahrnehmen und aus Erfahrung wissen, was passieren kann, wenn beispielsweise eine Silvesterrakete gegen die Fensterscheibe knallt…!

Einem gespannten Bogen sieht man die **Spannenergie** auch noch irgendwie an, vermutlich weil man auch das Anspannen gesehen hat. Bei der **Lageenergie** erkennt man das gewonnene Vermögen aber erst, wenn etwas damit passiert, wenn dieses Vermögen in eine andere Form umgewandelt wird. Beispielsweise wird die Lageenergie eines Gegenstands beim Herunterfallen in Bewegungsenergie umgewandelt und beim Auftreffen auf den Fuß in Verformungsarbeit.

Wärme ist eine Energieform, die im Grunde eine Art Bewegungsenergie ist. Je wärmer ein Gegenstand ist, je höher also seine Temperatur, desto intensiver ist die Bewegung seiner Atome.

Eiskalt hier

Heiße Fete

Die Wärme kann wie bei der mechanischen Krafteinwirkung durch direkten Kontakt des wärmeren mit dem kälteren Körper übertragen werden – oder z.B. auch durch Reibung aus der Bewegungsenergie erhalten werden.

Die **Wärmeenergie** eines Körpers ist Teil seiner „**inneren Energie**". Zur inneren Energie gehören außerdem die Energiemengen, die zur Bildung der speziellen Struktur des Körpers notwendig waren. Dazu gehört, welche Atome in welcher Art zu dem Material zusammengefügt sind und ob das Material sich in festem, flüssigem oder gasförmigem Zustand befindet.

Die Energieformen im atomaren Bereich sind schwer zu beschreiben, weil in unserer täglichen Erfahrungswelt nichts Vergleichbares vorkommt. Man geht davon aus, dass es eine so genannte Kernenergie geben muss, die zur Bildung der Atomkerne gebraucht wurde und die man dadurch erkennt, dass sie bei Kernspaltung, Kernfusion und radioaktivem Zerfall in Bewegungsenergie umgewandelt wird.

Bei der **Kernfusion** z.B. werden zwei Atome mit kleiner Masse zu einem größeren zusammengefügt, dabei verschwindet ein Teil der Gesamtmasse und taucht in Form von Energie wieder auf.

Wenn wir fusionieren, können wir einen Teil unseres Besitzes zu barem Geld machen.

Wenn dagegen bei der **Kernspaltung** ein großes Atom in zwei mittelgroße zerlegt wird, verwandelt sich ebenfalls ein Teil der Masse in Energie.

Bei einer Trennung muss ein Teil des Vermögens zur Fortbewegung verkauft werden.

Beim **radioaktiven Zerfall** trennt sich das Atom von einem kleinen Stück seines Atomkerns und gibt ihm Bewegungsenergie mit, die ebenfalls daraus gewonnen wird, dass ein Teil der ursprünglichen Masse in Energie umgewandelt wird.

Energie kann auch in Form von **Strahlungsenergie** auftreten; Wärmestrahlen, Lichtstrahlen und radioaktive Strahlen (letztere gibt es außer beim „Zerfall" auch noch bei der Radioaktivität) sind mögliche Erscheinungsformen, die für uns nur deshalb verschieden zu sein scheinen, weil wir sie mit unterschiedlichen „Rezeptoren" wahrnehmen können:

Die uns vertrauten und so einfach erscheinenden Phänomene wie Wärme- und Lichtstrahlen haben ganz absonderliche Eigenschaften, wie die anderen atomaren Prozesse auch. Wie diese sind sie nicht mehr ohne Weiteres zu verstehen und können deshalb hier erst mal nur angedeutet werden:

Diese Strahlen bestehen aus sehr vielen, sehr kleinen Energiepäckchen, genannt **Photonen**. Manche ihrer Eigenschaften lassen sich erstaunlicherweise mit denen von Wasserwellen vergleichen. Deshalb kann man ihnen, ähnlich wie den schwingenden Wasserteilchen, eine Frequenz zuschreiben. Die Energie eines Photons ist nur von dieser Frequenz abhängig. Unser Wahrnehmungsorgan Auge/Gehirn ist darauf spezialisiert, diese Frequenzen in einem kleinen Bereich genau zu unterscheiden. Es wandelt sie in die für uns gewohnten Farbeindrücke um.

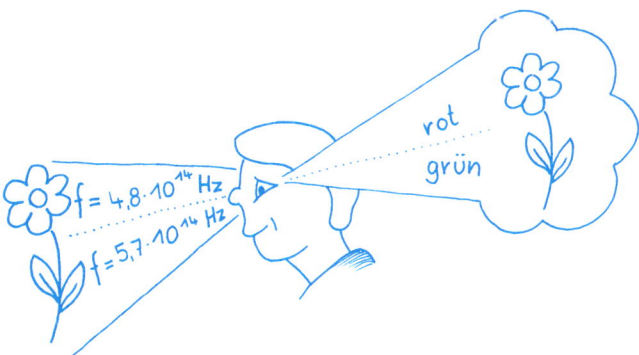

Energieumwandlungen und Kräfte

Wie jedes Vermögen wird auch dieses „Energievermögen" erst dann erkennbar, wenn es „ausgegeben", das heißt in eine andere „Anlageform" übertragen wird oder wenn es von einem Ort oder Körper zu einem anderen weitergegeben wird.

Den Reichtum des Ölscheichs erkennt man erst, wenn er sein Öl in Gold verwandelt hat...

Wenn **Energie** in eine andere Form auf einen anderen Gegenstand **übertragen** werden soll, muss sie natürlich vorher schon da sein und nur noch – mit mehr oder weniger Tricks – dazu gebracht werden, sich in diese neue Form zu verwandeln. Wenn also ein Gegenstand Lageenergie bekommen soll, kann man ihn beispielsweise hochwerfen. Dazu muss man ihn aber erst mal beschleunigen, also ihm Bewegungsenergie geben.

Damit ein Körper oder Gegenstand Energie abgeben und ein anderer sie bekommen kann, müssen die beiden irgendwie in Verbindung treten. Meist geschieht das durch direkten Kontakt.

Manche Männer sind wie Pfeile, nach dem ersten Kontakt zischen sie weg.

Bogenschützen übertragen Energie auf den Bogen, indem sie ihn spannen; der gespannte Bogen überträgt seine Energie auf den Pfeil, der dadurch wegfliegt. Die Energie wird in diesem Beispiel zunächst durch Muskelkraft und dann durch Spannkraft übertragen.

Im Beispiel des Bogenschützen „sieht" man die Kraft, die dafür sorgt, dass sich der Energie- und Bewegungszustand des Pfeils ändert. Lange Zeit hat man aber nicht gewusst, dass auch später, wenn der Pfeil irgendwo landet, eine Kraft zum Abbremsen nötig ist. **Aristoteles** (384 – 322 v. Chr.) lehrte, dass alle bewegten Gegenstände „von sich aus" zum Stillstand kämen.

Dies war Jahrhunderte lang unumstrittene Lehrmeinung. Uns kommt das heute seltsam vor – aber Aristoteles hatte ja auch nicht unsere Erfahrung mit Raumschiffen!

Erst **Isaac Newton**, der von 1643 bis 1727 in England lebte und forschte, gelang es, Kraft allgemein als zentralen Begriff in die Physik einzuführen.

Seit Newton sehen wir den Grund für jede Geschwindigkeitsänderung und die damit verbundene Energieumwandlung in einer **Kraft**.

Die Kraft, mit der ein Gegenstand dazu gebracht werden soll, seine Geschwindigkeit zu ändern, hängt außer von der beabsichtigten Geschwindigkeitsänderung auch von seiner Masse ab:

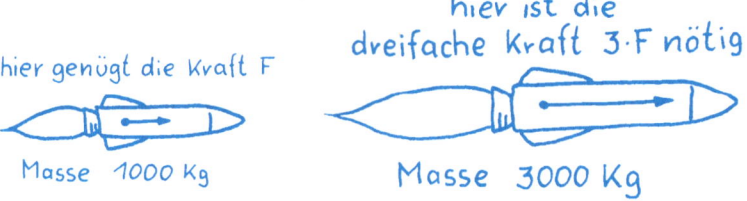

Die Kraft muss also das Objekt, dem Energie zugeführt werden soll, irgendwo anfassen und es in eine Richtung ziehen oder bremsen. Deshalb kennzeichnet man **Kräfte durch Pfeile**, denn die haben wie die Kräfte eine Richtung. Außerdem haben Kräfte einen „Angriffspunkt", Pfeile haben einen Anfangspunkt. Die Stärke der Kraft kann man durch die Länge des Pfeils veranschaulichen. Als Bezeichung benutzt man meist den Buchstaben F (nach dem englischen Wort „force").

Kräfte können zur Energieübertragung den direkten Kontakt von einem Körper mit dem anderen benötigen. Manche Dinge lassen aber auch aus der Entfernung Kräfte wirken, beispielsweise die Erde mit ihrer Gravitationskraft oder Magnete oder auch elektrische Ladungen.

Bei den Energie-Umwandlungen im atomaren Bereich kann man den Begriff der Kraft nicht mehr verwenden, weil die Prozesse so verschieden von denen aus dem anschaulichen mechanischen Bereich sind.

Wenn der Zustand „Energie haben" auf einen anderen Körper übertragen wird, dann nennt man diesen Vorgang „**Arbeit verrichten**"; hauptsächlich im Bereich der Mechanik und der einfachen Stromkreise wird das Begriffspaar Energie und Arbeit für die Unterscheidung zwischen Zustand und Vorgang verwendet. In den anderen Bereichen spricht man meist nur von Energie; sie wird zugeführt, umgewandelt, abgegeben, ausgestrahlt, absorbiert...

Jede Energieform kann dazu gebracht werden, sich in eine andere zu verwandeln. Während aber z.B. beim Gesellschaftsspiel „Stille Post" bei jeder Weitergabe (also „Umwandlung") etwas von der Information verloren geht, bleibt die Gesamtmenge der Energie bei jeder Umwandlung erhalten. Scheinbar auftretende Verluste verstecken sich nur in einer anderen als der gewünschten Endform, oft in Form von Wärme. Wenn von Energieverlust oder Energieverbrauch gesprochen wird, dann ist das eigentlich falsch, denn Energie geht weder verloren noch wird sie verbraucht. Man drückt mit „verloren" nur aus, dass die Energie in eine Form umgewandelt wird, die wir entweder nicht erkennen oder nicht weiter nutzen können.

Einen Überblick über die wichtigsten **Energieformen** und ihre Umwandlungsmöglichkeiten bietet eine MindMap:

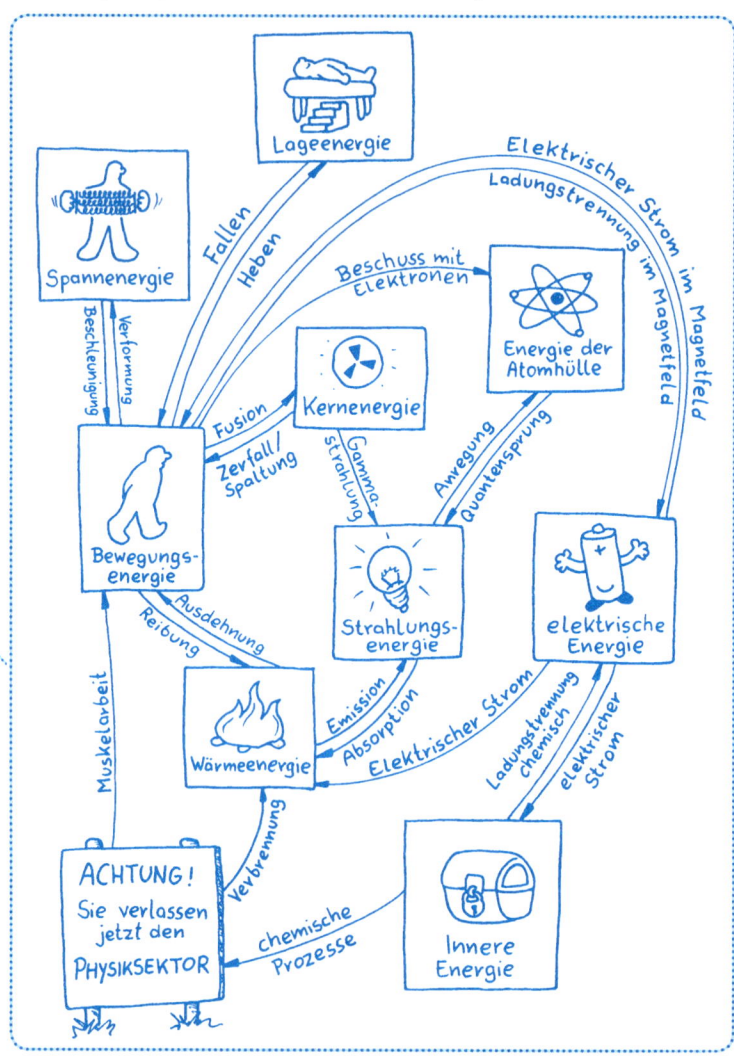

Man kann sehen, dass einige Umwandlungen hin und zurück möglich sind. Diese nennt man „reversibel". Andere sind nur in einer Richtung möglich, die heißen „irreversibel". Manche Vorgänge laufen praktisch von selbst ab, manche muss man mit vielen Tricks anschieben – das werden wir in den entsprechenden Kapiteln noch sehen.

Wie kriegt man sie zu fassen? Formeln für die Energieformen

Physiker wollen nicht nur wissen, welche Energieform sie gerade zur Hochform beflügelt, es interessiert sie auch noch, um wie viel Energie es sich jeweils handelt. Sie wollen Energie also messen. Dazu galt es herauszufinden, wodurch man die Energie „menge" beeinflussen kann.

Zunächst ist die Energie sicherlich abhängig von der Größe der Kraft, die zu ihrer Übertragung gebraucht wurde. Infolge der Kraft wird der Körper, an dem sie angreift, schneller oder langsamer, er bewegt sich also auch ein Stück weit und die Energie ist von dieser Weglänge abhängig.

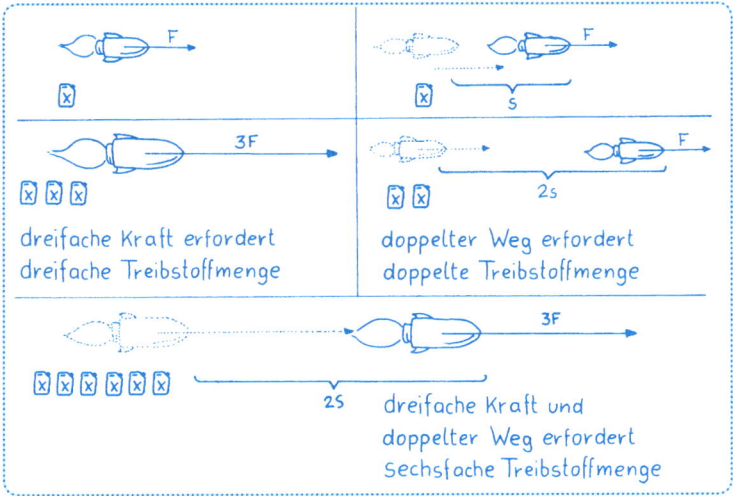

Dreifache Kraft erfordert dreifache Energie, doppelte Wegstrecke entsprechend die doppelte Energiezufuhr. Wenn aber beides gleichzeitig vervielfacht wird, dann wird auch die Energie mit beiden Faktoren multipliziert. Man kann es auch so sagen:

Die **Energie** ist zur Kraft F und zum Weg s „proportional" und damit ist sie auch zum Produkt aus Kraft und Weg proportional. Energie erfasst man also durch Kraft mal Weg, die Physiker schreiben kurz:

$$W = F \cdot s$$

Dies ist die allgemeingültige Grundformel für die Energieberechnung. Dabei stammen die Abkürzungsbuchstaben W und F aus dem Englischen: W steht für work (Arbeit) = energy (Energie) und F für force (Kraft); die Strecke s wird im Englischen oft mit d (distance) bezeichnet.

Wenn man die Grundformel auf die einzelnen Energieformen übertragen will, muss man zunächst noch etwas mehr verallgemeinern:

Die Kraft kann man auffassen als eine für den speziellen Energieübertragungsvorgang spezifische Größe, die Länge des Wegs hängt von der Dauer des Vorgangs ab. Wenn sich die spezifische Größe während des Vorgangs nicht ändert, erhalten wir für die Menge des Energiezuwachses einen linearen Zusammenhang, das heißt, die beiden werden einfach multipliziert:

> Energie = spezifische Größe mal von der Zeit abhängige Größe
> $$W = \qquad F \qquad \cdot \qquad s$$

Jetzt muss man nur noch die „spezifische Größe" und die „zeitabhängige Größe" für die jeweilige Energieform einsetzen.

Die **Lageenergie**, die auch **„potenzielle Energie"** heißt, gewinnt ein Körper, wenn er von der Erdoberfläche ein Stück weit hochgehoben wird. Die spezifische Größe ist in diesem Fall wieder eine Kraft: die Kraft, mit der die Erde an diesem Körper zieht, also dessen Gewichtskraft G, kurz „sein **Gewicht**". Dies ist aber nun nicht überall auf der Erde genau gleich, deshalb muss man die in kg gemessene Masse m mit dem **Ortsfaktor** g multiplizieren, um G zu erhalten: $G = m \cdot g$. Den Ortsfaktor findet man für jeden Ort auf der Erde in einer speziellen Tabelle. Die Unterschiede sind nicht sehr groß: In Hamburg hat g den Zahlenwert 9,8146 und in München 9,8073. Meistens rechnet man mit 9,81. Oft reicht es auch, mit dem gerundeten Wert 10 zu rechnen. Auf dem Mond ist g nur etwa ein Sechstel des Ortsfaktors auf der Erde, im „schwerelosen" Weltraum ist g null. Weil mit diesem Ortsfaktor die Masseneinheit kg in die Krafteinheit N umgerechnet wird, hat er auch eine Einheit: N/kg.

Genaueres zur Krafteinheit N = Newton in *Kapitel 3*.

Wenn man einen Körper über eine Höhe h (dies entspricht in der allgemeinen Formel dem Weg s) hochhebt, muss man während des ganzen Hebevorganges die Kraft G aufbringen. Deshalb berechnet man die dem Körper zugeführte Energie wie folgt:

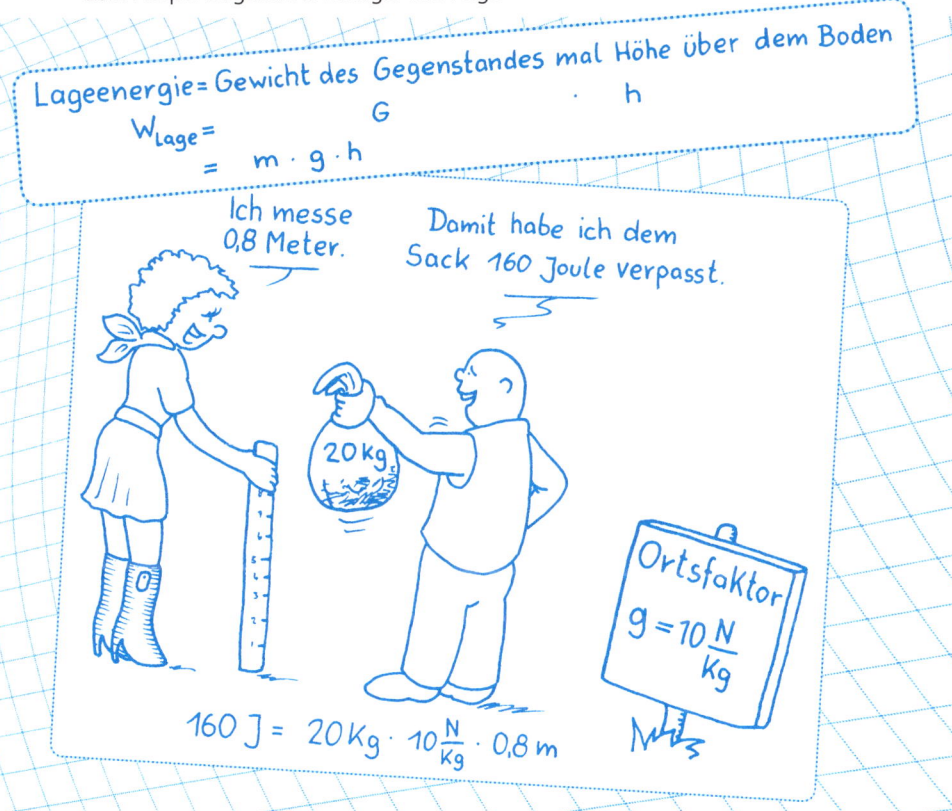

Auch wenn ein Gegenstand erwärmt werden soll, muss man ihm Energie zuführen, die ihm dann als **Wärmenergie** zur Verfügung steht. Je mehr Atome oder „Masseteilchen" in stärkere Bewegung versetzt werden sollen, desto mehr Energie ist nötig. Außerdem hat jedes Material einen anderen „Wechselkurs" von Energie in Temperaturerhöhung, der bestimmt, wie viel Energie 1 kg des Materials für jedes Grad Temperaturerhöhung braucht. Wasser beispielsweise braucht für die gleiche Temperaturerhöhung etwa doppelt so viel Wärmeenergie wie Olivenöl. Diesen „Wechselkurs" nennt man **spezifische Wärmekapazität** c_w.

Für die Temperaturerhöhung, die erfahrungsgemäß zeitabhängig ist, schreibt man ΔT (gelesen „delta T"). Δ ist der griechische Buchstabe für D, denn bei einer Erhöhung oder Erniedrigung ist die Differenz das Entscheidende, T steht für Temperatur).

Wärmenergie = (Masse mal spez. Wärmekapazität) mal Temperaturerhöhung

$$W_{wärme} = (m \cdot c_w) \cdot \Delta T$$

Von 20 auf 60 Grad gestiegen.

Jetzt hat die Suppe schon 160 kilo Joule abbekommen.

$$160\,kJ = 1kg \cdot 4\,\frac{kJ}{kg \cdot K} \cdot 40\,K$$

Für die Teile der inneren Energie eines Körpers, die nicht zur Wärmeenergie gehören, gibt es von den Chemikern erarbeitete Tabellen. Aus diesen lässt sich ablesen, wie viel Energie man bei der Umwandlung von einem Kilogramm der einzelnen Materialien erhält, wenn man sie isst („Kalorientabelle") oder sie verbrennt („Heizwert-Tabelle"), sie schmilzt oder verdampft. In diesen Tabellen ist jeweils eine Materialkonstante angegeben, die im Prinzip die gleiche Funktion als „Wechselkurs" hat wie die spezifische Wärmekapazität.

Um **elektrische Energie** zu übertragen, braucht man zunächst eine Energiequelle, in diesem Falle eine Stromquelle. Von denen gibt es verschieden „starke": 1,5 V-Batterien, 6 V-Akkus, 230 V-Haushaltsanschluss ... Dabei ist V die Abkürzung für „Volt". Damit kennzeichnet man die Spannung U der Stromquelle (*genaueres in Kapitel 7*).

Durch das Gerät, an das die Energie übertragen wird, fließt bei dieser Übertragung ein **Strom I**, dessen Stärke von der Bauart des Geräts abhängt: Durch einen Toaster beispielsweise fließt ein stärkerer Strom als durch eine Energiesparlampe, obwohl sie beide an 230 V angeschlossen werden.

Die **Spannung** könnte man mit der Masse aus Wärme- und Lageenergie vergleichen und die Stromstärke mit der spezifischen Wärmekapazität c_w bzw. der geografischen Konstanten g. Die zeitabhängige Größe, die der Höhe h bei der Lageenergie und der Temperaturdifferenz ΔT bei der Wärmeenergie entspricht, ist hier direkt die Zeitdauer t, während der das elektrische Gerät die Energie empfängt.

Alle diese Produkte kann man sich durch die Fläche eines Rechtecks ver-anschaulichen. Da berechnet man ja auch die Größe der Fläche durch das Produkt von Länge mal Breite:

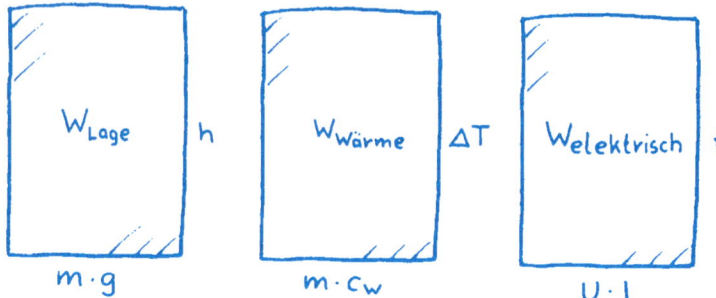

Bei diesen Beispielen hatte die spezifische Größe ($m \cdot g$, $m \cdot c_W$, $U \cdot I$) jeweils während des gesamten Vorgangs den gleichen Wert. Es kann aber auch sein, dass die spezifische Größe erst während des Vorgangs wächst, und dann hilft die Flächenveranschaulichung besonders gut weiter:

Ein Beispiel dafür ist die **Dehnung einer Feder**. Bei der Federdehnung wird ja die aufzubringende Kraft mit zunehmender Dehnung größer. Bei der Feder gilt für die Kraft:

$$F = D \cdot s$$

(D ist eine federspezifische Größe, die „**Federhärte**")

Die Kraft hat erst am Ende des Vorgangs ihre volle Stärke erreicht.

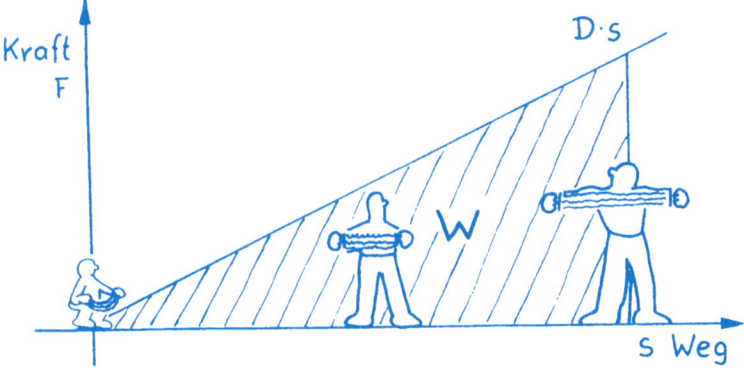

Wenn die Fläche kein Rechteck, sondern nur ein Dreieck ist, dann muss man eben ein halbes Rechteck berechnen. Außerdem ist die spezifische Größe jetzt auch noch abhängig von der zeitabhängigen Größe.

Also ist die **Spannenergie**

$$W_{spann} = \frac{1}{2} \cdot D \cdot S \cdot S = \frac{1}{2} \cdot D \cdot S^2$$

Ähnliches gilt für die **Bewegungsenergie**. Da muss der Gegenstand, der eine Masse m hat, ja auch erst auf die Geschwindigkeit v gebracht werden, die am Ende des Vorgangs die Energiemenge bestimmt:

$$W_{Bewegung} \ (W_{kin}) = \frac{1}{2} \cdot m \cdot v^2$$

Wenn also die Energieerhöhung dadurch zustande kommt, dass eine relevante Größe während des Vorgangs linear wächst (bei W_{Spann} die Kraft, bei $W_{bewegung}$ die Geschwindigkeit), dann hat die Berechnungsformel folgendes Aussehen:

$$W = \frac{1}{2} A \cdot B^2$$

Und wenn nun diese Veränderung nicht mal mehr linear ist?

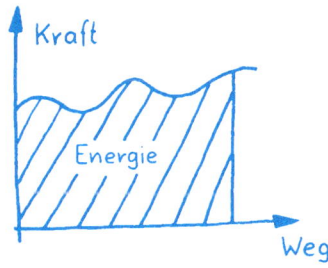

In diesem Fall nimmt man für die Flächenberechnung die aus der Mathematik bekannte Integralrechnung zur Hilfe, vorausgesetzt, man kennt eine Funktion, die den Verlauf der Kraft F beschreibt:

$$W = \int_{0}^{S} F \cdot ds$$

(zur Not hilft auch ein Computerprogramm zur Flächenberechnung)

Im **atomaren Bereich** sind ganz andere Prinzipien zur Energieberechnung nötig, die erst nach einigen Grundkenntnissen der Relativitätstheorie und der Quantenmechanik näherungsweise erläutert werden können – um sie zu finden, brauchte es schon das Genie eines Einstein und vieler anderer genialer Forscher!

Die aus den atomaren Umwandlungen Fusion und Spaltung und **radioaktiver Zerfall** erhaltene Energie berechnet man mit Einsteins berühmter Formel. Diese schreiben wir heute nicht mehr $E = m \cdot c^2$, sondern

$$W = m \cdot c^2$$

Damals hatte die Globalisierung noch nicht zugeschlagen, man schrieb noch E für Energie. Sie enthält die in Energie umgewandelte Masse m, und dazu noch als eine Art „Wechselkurs" das Quadrat der Lichtgeschwindigkeit c.

Für die Energie aus **Licht**, **Wärmestrahlung** und **radioaktiver Strahlung** berechnet man die Energie eines Photons als

$$W = h \cdot f$$

Dabei ist f die Frequenz, von der die Energie der Strahlung abhängt, und h ist eine Naturkonstante, das so genannte „Planck'sche Wirkungsquantum". Mit mehr Detailkenntnissen und etwas Geschick kann

man $h \cdot f$ sogar in $m \cdot c^2$ umformen, was zeigt, dass diese Energiepäckchen durch eine Umwandlung im atomaren Bereich entstanden sein müssen (*siehe Seite 190*).

Wie viel ist das wert? – Berechnungen

So, nach diesem ersten Überblick könnten wir uns damit befassen, wie viel diese Energievermögen eigentlich „wert" sind – oder anders ausgedrückt: mit welchem Maß Energie gemessen wird. Auch da knüpft man an die einfache Formel $W = F \cdot s$ an.

Da die Kraft in Newton gemessen wird und der Weg in Meter, erhält Energie die Einheit „Newton mal Meter". Da diese Einheit aber ganz oft gebraucht wird, hat man sich eine Abkürzung überlegt:

1 J ist also die **Lageenergie**, die ein Körper vom Gewicht 1 N in 1 m Höhe über dem Erdboden hat.

Die Einheit Joule wird auch für alle anderen Energieformen benutzt. Wegen der unterschiedlichen Maßeinheiten in den einzelnen Bereichen der Physik erscheinen die Werte der Größen, die zur selben Energiemenge führen, ganz verschieden.

Wir vergleichen jetzt verschiedene Energieformen - dazu müssen wir nun ein bisschen rechnen!

Nehmen wir das Beispiel eines „**Hamburgers**". In einer Kalorientabelle findet man, dass ein Hamburger in der veralteten Einheit mit 254 kcal angegeben wird, das sind etwa 1000 kJ. Der Hamburger hat also 1.000.000 J an innerer Energie, die der Körper zum Beispiel in Muskelarbeit umwandeln kann. Das ist eine riesige Zahl und wenn sie ein kräftiger Bergsteiger von 100 kg (mit Rucksack!) vollständig in Muskelarbeit und dann in Lageenergie umwandeln könnte, dann könnte er 1000 m hoch steigen, also ungefähr so hoch, wie der Brocken im Harz ist!

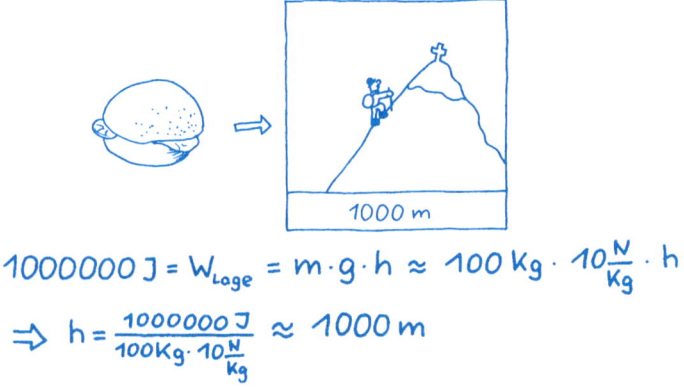

$$1000000\,J = W_{Lage} = m \cdot g \cdot h \approx 100\,kg \cdot 10\frac{N}{kg} \cdot h$$

$$\Rightarrow h = \frac{1000000\,J}{100\,kg \cdot 10\frac{N}{kg}} \approx 1000\,m$$

Die 1.000.000 J reichen auch, um den 100 kg -Bergsteiger auf die außerordentliche Geschwindigkeit von 500 $\frac{km}{h}$ bringen, das ist etwa die Reisegeschwindigkeit von kleinen Flugzeugen!

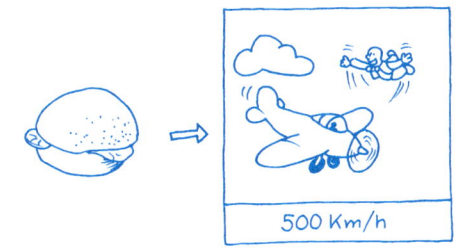

500 Km/h

$$1000000\,J = W_{Bewegung} = \frac{1}{2}\,mv^2 = \frac{1}{2}\cdot 100\,kg\cdot v^2$$

$$\Rightarrow v = \sqrt{\frac{2\cdot 1000000\,J}{100\,kg}} \approx 140\,\frac{m}{s} \approx 500\,\frac{km}{h}$$

Hätte man dagegen diese Energie in Form von elektrischer Energie und wollte damit bloß eine harmlose Waschmaschine betreiben, so könnte der Bergsteiger kaum mit sauberer Wäsche auf den Berg, denn in so kurzer Zeit kann keine Waschmaschine ein sauberes Ergebnis liefern!

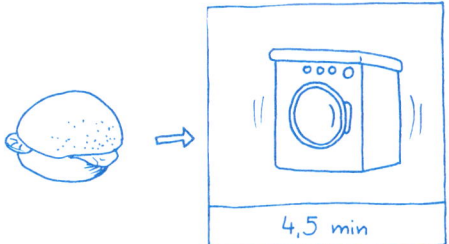

4,5 min

$$1000000\,J = W_{el} = U\cdot I\cdot t = 230V\cdot 16A\cdot t$$

$$\Rightarrow t = \frac{1000000\,J}{230V\cdot 16A} \approx 271\,s \approx 4,5\,Minuten$$

Dieselbe Energie, die vorhin noch so ungeheuer groß erschien, kommt einem jetzt im elektrischen Bereich lächerlich klein vor.

Könnte man mit dieser Energie des Bergsteigers Badewasser erwärmen, zum Beispiel von 15 °C auf 40 °C, also um 25 Grad, dann müsste der

Gute sich mit etwa 10 Liter Wasser, also einem knappen Eimer voll, zufrieden geben. (Bei Eselsmilch wäre es wegen des Fettanteils in der Flüssigkeit geringfügig mehr.)

$$1000000\,J = W_{\text{wärme}} = Q = c_W \cdot m \cdot \Delta T \approx$$

$$\approx 4200\,\frac{J}{Kg\,°C} \cdot m \cdot 25°C$$

$$\Rightarrow m = \frac{1000000\,J}{4200\,\frac{J}{Kg\,°C} \cdot 25°C} = 9,5\,Kg$$

Das ist ja 'ne Milchmädchenrechnung!

Wegen des „vollständig … könnte …" ist das tatsächlich eine Milchmädchenrechnung: Der Bergsteiger macht sicher schon viel früher schlapp mit nur einem Hamburger im Bauch! Schließlich braucht er ja noch viel mehr Energie als nur die für das Hinaufsteigen: Der „**Grundumsatz**", also die Energie, die man nur zum Aufrechterhalten der Körperfunktionen beim ruhigen Liegen benötigt, beträgt im Durchschnitt etwa 400 kJ pro Stunde. Zum Schnaufen und Schwitzen beim Steigen muss man etwa das Fünffache davon ansetzen, also ca. 2000 kJ pro Stunde. Wenn der Bergsteiger die 1000 Meter Höhenunterschied in 4 Stunden schafft, dann braucht er 8000 kJ – das sind acht Hamburger!

Und die direkte Umwandlung in Bewegungs-, elektrische und Wärmeenergie ist schon gar nicht wirklich vorstellbar – aber in diesen Beispielen ging es ja nicht um die konkreten Möglichkeiten der direkten Umwandlung, sondern um den zahlenmäßigen Vergleich von alltäglichen bekannten Energiemengen!

An diesem Beispiel sieht man außerdem noch eine wichtige Besonderheit der Energie: Bei der Berechnung der Wärmeenergie muss man eine Temperaturdifferenz benutzen. Man berechnet also, wie viel Energie das Wasser nach der Erwärmung mehr hat als vorher. Wie viel aber hatte es vorher? Das ... weiß man nicht!! Das ist auch gar nicht wichtig, denn es geht bei allen Energieänderungen nur um die Änderungen, und da ist es üblich und sinnvoll, die Ausgangslage als **Nullniveau** anzusetzen. Das ist der große Unterschied zum Vermögen des Ölscheichs, da ist das Nullniveau eindeutig bestimmbar!

Im **atomaren Bereich** ist die Einheit Joule nicht mehr praktikabel: Die Massen, die sich bei der Fusion oder Spaltung in Energie umwandeln, sind ja Bruchteile von Atommassen und haben deshalb Größenordnungen von etwa 10^{-27} kg, da ist ein Vergleich mit den Energien aus dem täglichen Leben nicht mehr vorstellbar.

In **Einsteins berühmter Formel** $W = m \cdot c^2$ bringt nicht einmal die Multiplikation mit dem Quadrat der Lichtgeschwindigkeit einen Zahlenwert, unter dem man sich etwas vorstellen kann:

$$W = m \cdot c^2 \text{ im Beispiel} \approx 10^{-27} kg \cdot 9 \cdot 10^{16} \left(\frac{m}{s}\right)^2 \approx 10^{-10} J$$

Die Energie eines Photons ist $W = \mathrm{h} \cdot f$; die Frequenzen liegen im Bereich von etwa 10^{15} Hz, aber h ist sehr klein, deshalb erhalten wir für die Energie eines „mittleren" Photons nur ungefähr

$$W = \mathrm{h} \cdot f = 6{,}6 \cdot 10^{-34}\,\mathrm{Js} \cdot 10^{15}\,\mathrm{Hz} = 6{,}6 \cdot 10^{-19}\,\mathrm{J}$$

Diese Winzigst-Energien sind nur deshalb interessant, weil sie bei einer unvorstellbar großen Anzahl von Umwandlungsprozessen auftreten – die Menge macht es dann!

Will man in diesem Bereich mit halbwegs praktikablen Zahlen rechnen, benutzt man die zu diesem Zweck erfundene kleinere Einheit „**Elektronenvolt**" (1 Joule ≈ 10^{19} Elektronenvolt) – doch davon später in Kapitel 13.

Ebenfalls unvorstellbar – aber nun unvorstellbar groß! – sind die **Energiemengen**, die in unserer Gesellschaft zur Verfügung gestellt werden: Für das Jahr 2009 wird der gesamte Stromverbrauch in Deutschland mit 617,5 Mrd. kWh angegeben. Das sind ungefähr $2{,}2 \cdot 10^{18}$ J, das ist die innere Energie von $2{,}2 \cdot 10^{12}$ (also 2.200.000.000.000!!) Hamburgern.

Da man sich soo viele Hamburger auch trotz dieser schönen Zeichnung nicht vorstellen kann, hier noch ein anderer Vergleich: Das Kraftwerk, das die Lage- und Bewegungsenergie der Niagarafälle in elektrische Energie umwandelt, liefert pro Jahr $8 \cdot 10^{16}$ J. Für die Stromversorgung in Deutschland bräuchte man also ungefähr 28 Niagarafall-Kraftwerke!

Leistung als zeitbezogene Bewertung

In vielen Anwendungsbereichen, beispielsweise bei Kraftwerken, bei PKWs, bei Maschinen, bei Glühlampen usw. wird nicht die abgegebene oder aufgenommene Energie angegeben, sondern die Energie pro Zeiteinheit, die Leistung:

$$\text{Leistung} = \frac{\text{Energie}}{\text{Zeit}}$$

$$P = \frac{W}{t}$$

Die Maßeinheit ist Watt

Teilt man die $2{,}2 \cdot 10^{18}$ J des deutschen Energieverbrauchs vom Jahr 2009 durch die Anzahl der Sekunden eines Jahres (ca $3 \cdot 10^7$) erhält man als Leistung, die die Stromversorger liefern sollen, ungefähr $6{,}6 \cdot 10^{10}$ das sind 66 Giga Watt .

Der Bergsteiger von Seite 41, der 8000 kJ Energiezufuhr für seine 4-stündige Bergbesteigung benötigte, leistete demnach

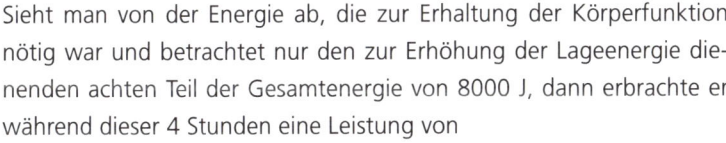

$$\frac{8000 \text{ kJ}}{4 \cdot 3600 \text{ s}} \approx 0{,}555 \text{ kW}$$

Sieht man von der Energie ab, die zur Erhaltung der Körperfunktion nötig war und betrachtet nur den zur Erhöhung der Lageenergie dienenden achten Teil der Gesamtenergie von 8000 J, dann erbrachte er während dieser 4 Stunden eine Leistung von

$$\frac{1000 \text{ kJ}}{4 \cdot 3600 \text{ s}} \approx 0{,}07 \text{ kW} = 70 \text{ W}$$

(vergleichbar mit einer mittelstarken Glühlampe)

Mit der bei elektrischen Geräten und bei Automotoren angegebenen Leistung lässt sich die für eine Betriebsdauer benötigte Energie berechnen:

$P = \dfrac{W}{t}$ wird umgeformt zu $W = P \cdot t$

Für eine 70-Watt-Lampe ist dann bei 4stündigem Betrieb die nötige Energiezufuhr

$$70\,\text{W} \cdot 4\,\text{Std} = 280\,\text{Wh} = 0,28\,\text{kWh}$$

Die in der Wissenschaft gebräuchliche Einheit ist die Wattsekunde; wenn wir die Energie von 0,28 kWh in Ws umformen, so erhalten wir

$$0,28\,\text{kWh} \cdot 3600\,\tfrac{\text{s}}{\text{h}} \approx 1000\,\text{kWs} = 1000\,\text{kJ}$$

Waren wir nicht schon mal da?

Zum Abschluss des Energiekapitels noch einmal im **Überblick**, von welchen Energiearten wir bisher gesprochen haben. Das sind die Wichtigsten – und fast alle, die es gibt; nur ganz wenige werden wir später noch kennen lernen.

Form der Energie		Formel	Einheit
	Bewegungs-energie	$W = \frac{1}{2} m v^2$	J
	Lage-energie	$W = m \cdot g \cdot h$ $= G \quad \cdot h$	J
	Spann-energie	$W = \frac{1}{2} D s^2$	J
	elektrische Energie	$W = U \cdot I \cdot t$	J
	Wärme	$W = c_W \cdot m \cdot \Delta T$	J (1 cal $\approx$ 4 J)
	innere Energie	$W = k_W \cdot m$	J
	Kern-energie	$W = m \cdot c^2$	eV (1 eV $\approx$ 1,6 $\cdot$ 10^{-19} J)
	Strahlungs-energie	$W = h \cdot f$	eV
	Energie aus der Atomhülle	$W = h \cdot f$	eV

Größen und Maße

Nicht ohne meine Einheit!

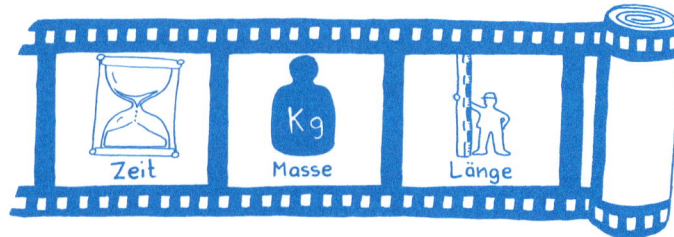

Die Grundgrößen

In der Physik werden alle Größen nicht nur mit einem Zahlenwert, sondern auch mit einer Maßeinheit angegeben. Mit **„Größe"** bezeichnen Physiker die Dinge, die sie messen wollen, also beispielsweise Zeitspannen, Streckenlängen usw. **„Maß"** beschreibt dabei den „Vergleich mit einer vorher festgelegten Einheit". Die Aussage „die Strecke s ist 3 Meter lang (oder $s = 3$ m)" bedeutet, dass man eine Einheit für Längen festgelegt hat, die man Meter nennt, und dass die gemessene Strecke dreimal so lang ist wie diese Einheit.

Nur wenn der Zahlenwert einer Größe durch ein Material verstärkt oder abgeschwächt wird, wie das beispielsweise bei der Magnetkraft durch Eisen geschehen kann, haben diese **Verstärkungsfaktoren** keine Einheit, sondern stehen als reine Zahl da.

Beim Festlegen einer solchen **Einheit** achtet man darauf, dass sie möglichst nicht von anderen Größen beeinflussbar ist (nach dem aktuellen Stand der Wissenschaft jedenfalls!), und dass man möglichst überall auf der Welt in einem geeigneten Labor einen entsprechenden Prototyp herstellen kann. Am Beispiel der Entwicklung der Einheit Meter lässt sich das gut nachvollziehen:

Früher hatten jedes Land und jede Stadt eigene Längenmaße (Fuß, Elle, ...). Diese waren meist in Form von Metallstäben am Rathaus angebracht, damit sie für jedermann benutzbar und vergleichbar waren. Im 19. Jahrhundert erst kam es zu einer internationalen Vereinheitlichung durch die Festlegung auf das „**Meter**", das zunächst als der vierzigmillionste Teil der Länge eines Erdmeridians festgelegt wurde. Um aber wie früher einen praktikablen Vergleichsstab zu bekommen, wurde als Prototyp ein Stab aus Platin-Iridium angefertigt. Das edle Material sollte verhindern, dass sich der Stab verändert, zum Beispiel rostet. Dieser Stab wird in Paris aufbewahrt. Jedes Land hat sich von ihm eine Kopie angefertigt, um die heimatlichen Maßstäbe daran eichen zu können. Leider ist die Länge dieses Stabs aber temperaturabhängig, denn Körper, die erwärmt werden, dehnen sich aus. Der Stab würde also je nach Temperatur ein bisschen länger oder kürzer werden, weshalb er bei konstanter Temperatur aufbewahrt wird und dann noch gleich sicherheitshalber im Vakuum.

Heute nutzt man die Möglichkeiten der physikalischen Labors für eine von der Temperatur unabhängige **Meter-Definition**: 1 m ist die Strecke, die das Licht im Vakuum in $\frac{1}{299792488}$ Sekunden zurücklegt. (Für Leute außerhalb physikalischer Labors ist der gute alte Meterstab aber immer noch die anschaulichere Alternative!)

Physiker sind bestrebt, die Methoden, mit denen sie die Welt beschreiben, so einfach und übersichtlich wie möglich zu strukturieren. Deshalb hat man nur sieben Maßeinheiten definiert, die sogenannten Basiseinheiten, die wegen des "Internationalen Standards" auch **SI-Einheiten** genannt werden. Alle anderen können mithilfe einer Kombination aus diesen Basiseinheiten abgeleitet werden. Von den sieben Basiseinheiten für Länge, Masse, Zeit, elektrische Stromstärke, Temperatur, Stoffmenge und Lichtstärke verwenden wir in diesem Buch nur die folgenden fünf mit ihren jeweiligen Abkürzungen:

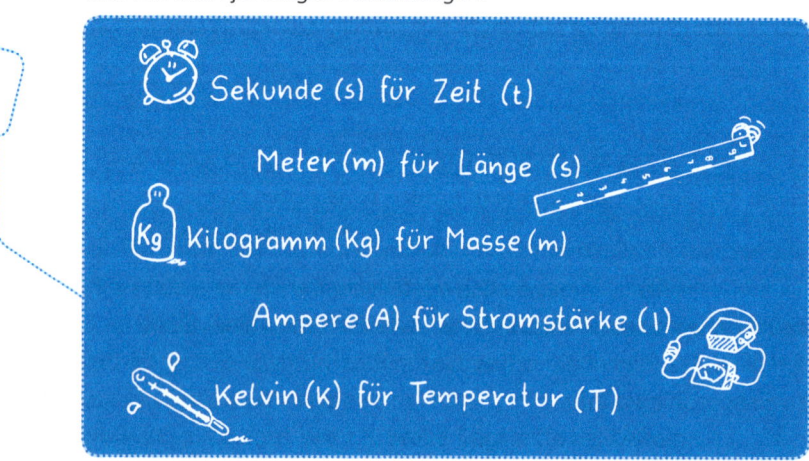

Die Einheiten candela (cd) für die Lichtstärke und Mol (mol) für die Stoffmenge kommen in diesem Buch nicht zum Einsatz.

Mehr über die einzelnen Größen, ihre Einheiten und ihre Verwendung folgt in den entsprechenden Kapiteln.

Der obigen Aufzählung der Basiseinheiten lässt sich entnehmen, dass manche Buchstaben doppelt verwendet werden, beispielsweise s sowohl für Länge als auch für Sekunde. Das liegt daran, dass unser Alphabet nur 26 Buchstaben hat und es viel mehr Dinge gibt, für die man einen Abkürzungsbuchstaben braucht. Man kann die Bedeutung aber nicht verwechseln, wenn man sich merkt, dass bei der Maßeinheit eine Zahl steht:

Um die Unterscheidung ganz sicher zu machen, ist es heutzutage üblich, die Abkürzungsbuchstaben der Größen kursiv zu schreiben; die Buchstaben für die Einheiten bleiben in der im Text verwendeten Standardschrift. Damit werden die obigen Ausdrücke so geschrieben:

$t = 7\,\text{s}$ und $s = 1\,\text{m}$

Haben es da vielleicht die Chinesen mit ihren vielen Zeichen viel einfacher?

Mit den Größen rechnen

Eine Größe mit aus den Basiseinheiten zusammengesetzter Maßeinheit ist die Geschwindigkeit. Sie wird gemessen durch das Verhältnis aus zurückgelegter Strecke und dafür benötigter Zeit, in anderen Worten durch die pro Zeiteinheit t zurückgelegte Strecke s:

$$\text{Geschwindigkeit} = \text{Weg durch Zeit}$$

$$v = \frac{s}{t}$$

$$\text{Die Maßeinheit von } v \text{ ist Meter pro Sekunde}$$

In der Schule unbeliebt ist das „Mitschleppen" der Einheiten beim Rechnen. Zu Unrecht, denn dadurch werden Rechnungen ziemlich sicher und Fehler schnell erkennbar.

Beispiel: Ein Auto fährt mit der Geschwindigkeit $v = 144\,\frac{\text{km}}{\text{h}}$. Dann wird es während der Zeit $t = 5\,\text{s}$ mit der Bremsbeschleunigung $a = 6\,\frac{\text{m}}{\text{s}^2}$ abgebremst. Es soll ausgerechnet werden, welchen Weg s_B es in diesen 5 Sekunden zurücklegt.

Dazu braucht man die Formel

$$s_B = v \cdot t - \frac{a}{2}t^2 \quad \text{(siehe Seite 77)}$$

Setzt man die Zahlen mit ihren Maßeinheiten in die Formel ein (und beachtet, dass die Geschwindigkeit in die Basiseinheiten umgerechnet werden muss):

$$v = 144\,\tfrac{\text{km}}{\text{h}} = 40\,\tfrac{\text{m}}{\text{s}} \text{ ,erhält man}$$

$$s_B = 40\,\tfrac{\text{m}}{\text{s}} \cdot 5\text{s} - 3\,\tfrac{\text{m}}{\text{s}^2} \cdot (5\text{s})^2$$

$$= 200\,\text{m} - 75\,\text{m} = 125\,\text{m}$$

Es mag ja sein, dass es zwischendurch etwas umständlich aussieht, aber wenn man am Schluss ohne Mogelei die passende Einheit erhält, also in diesem Beispiel einen Weg in der Einheit Meter, dann kann man ziemlich sicher sein, zumindest richtig umgeformt zu haben. (Zum Stehen kommt das Auto übrigens in diesem Beispiel erst nach 133,3 Meter und 6,7 Sekunden.)

Rechenfehler erkennt man damit zwar leider nicht, aber andere, meist schlimmere Fehler: Es könnte das Quadrat vergessen worden sein, dann kann man $200\,\text{m} - 15\,\frac{\text{m}}{\text{s}}$ nicht zusammenfassen, weil die Zahlen verschiedene Einheiten haben. Oder die Geschwindigkeit v war nicht in $\frac{\text{m}}{\text{s}}$ umgeformt worden. Auch dann zeigt die Verschiedenartigkeit der Einheiten, dass die Aufgabe noch nicht richtig gelöst wurde:

Der Ausdruck $144\,\frac{\text{km}}{\text{h}} \cdot 5\,\text{s} - 75\,\text{m}$ ist sinnlos, weil er wegen der verschiedenen Einheiten nicht zusammengefasst werden kann.

Also freut Euch an den Einheiten, sie erleichtern die Endkontrolle!

Als **physikalische Größen** werden die Dinge und Erscheinungen bezeichnet, die Physiker messen. Die Größen bestehen aus einer **Maßzahl** und einer **Einheit**.

Die **Grundgrößen** sind Zeit, Länge, Masse, Stromstärke, Temperatur, Lichtstärke und Stoffmenge; alle anderen Größen sind aus diesen zusammengesetzt.

Zahlen ohne Einheit kommen nur als **Faktoren** vor, die eine materialabhängige Vergrößerung oder Verkleinerung des Zahlenwertes bewirken.

Mechanische Erlebnisse

Kraft und Masse

Goodbye Aristoteles

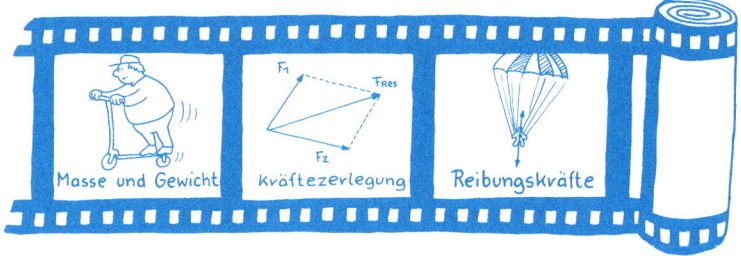

Träge und schwere Masse

Wie wir schon wissen, ist für jede Bewegungsänderung eine Kraft nötig. Die Größe dieser Kraft ist auch von der Masse des Körpers abhängig, dessen Bewegung sie verändern soll *(siehe Seite 26)*.

Was Physiker in Kilogramm messen, nennen sie **Masse**. Masse ist eine der Grundeinheiten, ihre **Maßeinheit Kilogramm** ist festgelegt als die Masse eines Vergleichskörpers, der wie das Ur-Meter aus Platin-Iridium hergestellt und unter genau denselben Abschirmungen in Paris aufbewahrt wird. Der Vergleichskörper wurde so gewählt, dass er die gleiche Masse haben sollte wie 1 Liter Wasser. Heute sucht man nach einer Festlegung, die von der Temperatur und anderen Einflüssen unabhängig ist. Eine Möglichkeit besteht darin, dass man die Goldatome zählt, die in 1 kg Gold enthalten sind, aber das ist auch mit den heutigen raffinierten Messmethoden nicht so ganz einfach und noch nicht gelungen.

Im Alltag verbindet man die Einheit Kilogramm eher mit dem Gewicht. Das liegt daran, dass wir zwar eine bestimmte Menge Äpfel haben wollen, wenn wir 1 kg Äpfel kaufen. Diese Menge wird aber mit einer Waage gemessen, die mithilfe der Erdanziehung funktioniert, weil das 1 kg-Stück auf der einen Waagschale und die Äpfel auf der anderen Waagschale mit der gleichen **Gewichtskraft** von der Erde angezogen werden.

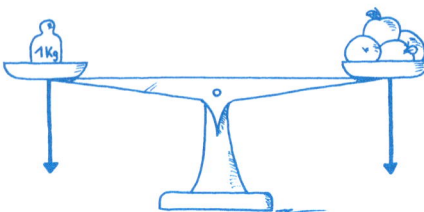

Wir würden nie auf die Idee kommen, die gewünschte Menge Äpfel durch die Kraft zu bestimmen, die wir aufbringen müssen, um sie zu beschleunigen. Aber genau das ist die Vorstellung der Physiker von Masse: Masse ist die Eigenschaft von Gegenständen, sich nicht ohne „Gewalt", also ohne Krafteinwirkung in einen anderen Bewegungszustand versetzen zu lassen.

Wenn man aber diese Eigenschaft nun als „**Trägheit**" bezeichnet, dann passt der physikalische Begriff wieder ganz gut zu dem aus dem Alltag!

Masse bedeutet also Trägheit. Zu einer Bewegungsveränderung eines trägen Gegenstands ist – im Gegensatz zu Aristoteles' Behauptung (*siehe Seite 25*) – eine Kraft erforderlich. Erstaunlicherweise hat Gewicht

damit erst mal gar nichts zu tun. Was wir Gewicht nennen, ist die spezielle Anziehungskraft, die die Erde auf alle Gegenstände ausübt.

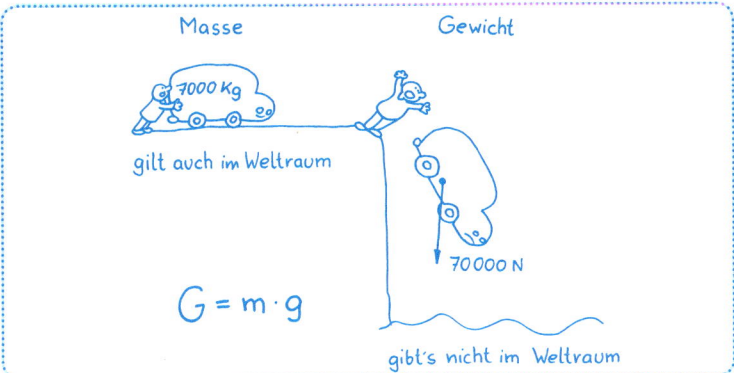

Speziell ist daran nur, dass die Kraft von der Erde ausgeht; grundsätzlich ziehen sich nämlich alle Gegenstände gegenseitig an, auch der Bleistift und der Papierstapel, auf dem ich schreibe. Diese sogenannte **Gravitationskraft** ist aber zwischen Bleistift und Papier unmessbar klein, sie bekommt erst eine nachweisbare Größe, wenn wenigstens einer der beiden Gegenstände gravitationsmäßig ziemlich groß, man sagt „schwer" ist. Die Erde ist schwer genug, um die Gravitationskraft auf den Bleistift und auch auf das Papier messbar groß zu machen.

Nun ist es aber so, dass ein schwerer Gegenstand auch träge ist und dass ein doppelt so schwerer Gegenstand auch doppelt so träge ist. Deshalb ist man auf die gute Idee gekommen, die Sache zu vereinfachen und **Trägheit** und **Schwere** mit dem gleichen Begriff Masse zu erfassen und zu messen. Damit können wir die Gewichtskraft als die Kraft ansehen, die die schwere/träge Masse zur Erde hin zieht. Durch die ständige Krafteinwirkung wird die schwere/träge Masse immer schneller. Man sagt, sie wird beschleunigt.

Die zur **Beschleunigung** nötige Kraft hängt also einerseits von der schweren/trägen Masse m ab: doppelte/dreifache/vierfache Masse erfordert bei gleicher Beschleunigung auch doppelte/dreifache/vierfache Kraft. Wollen wir aber andererseits gleichen Massen die doppelte/dreifache/vierfache Beschleunigung zukommen lassen, dann brauchen wir dazu auch jeweils die doppelte/dreifache/vierfache Kraft.

Für so einen Superspurt braucht man einen superstarken Motor.

Ätsch!

Meinen starken Motor erkennt man erst beim Start.

Weil die Kraft proportional zur Masse m und zur Beschleunigung a ist, hilft hier wieder die Veranschaulichung des Produkts als Fläche (*Seite 34*).

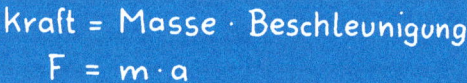

Kraft = Masse · Beschleunigung

$$F = m \cdot a$$

Dies ist die berühmte **Newton'sche Grundgleichung** der Mechanik.

Bei Ihrer großen Masse lieber Wattson muss die Erde kräftig ziehen, damit Sie die gleiche Beschleunigung bekommen wie ich!

Weil beim Fallen an Wattsons 100 kg träger Masse die doppelte Gewichtskraft zieht wie an Joulies 50 kg, erhalten beide die gleiche Beschleunigung.

Weil also das Verhältnis von beschleunigender Gewichtskraft und träger Masse immer gleich ist, fallen alle Gegenstände „gleich schnell", wie man unpräzise, aber einprägsam sagt.

Krafteinheit Newton und Gravitationskraft

Die Masseneinheit Kilogramm ist eine Grundgröße und auch die Beschleunigung wird durch die Grundgrößen Meter und Sekunde gemessen. Deshalb konnte man nach der Newtonschen Grundgleichung die **Einheit der Kraft** festlegen: **1 Newton** (Abkürzung N) ist die Kraft, mit der man einer Masse von 1 kg eine Beschleunigung von $1\frac{m}{s^2}$ geben kann. Das ist in einem anschaulicheren Vergleich in etwa die Kraft, mit der die Erde an einer Tafel Schokolade zieht – also die Gewichtskraft, kurz „das Gewicht", einer 100 g-Tafel.

Die Schokoladentafel wird mit ihrer Masse nicht nur von der Erde angezogen, sondern auch von Joulie bzw. deren Masse. Nach dem **Newton'schen Gravitationsgesetz**

$$F = f_g \frac{m_1 \cdot m_2}{r^2}$$

ziehen sich zwei schwere Massen m_1 und m_2 gegenseitig an. Die Anziehungskraft wächst mit der Größe der Massen, aber sie verringert sich mit dem Quadrat ihres Abstands r. Außerdem werden Kraft, Masse und Länge mit unterschiedlichen Einheiten gemessen, so dass als „Wechselkurs" ein **Umrechnungsfaktor** gebraucht wird:

$$f_g \approx 6{,}7 \cdot 10^{-11} \frac{N \cdot m^2}{kg^2}$$

Dass er so klein ist, liegt daran, dass die Gravitationskraft eine sehr schwache Kraft ist. Elektrische und magnetische Kräfte sind vergleichsweise sehr viel größer. Damit wird die 100 g-Tafel von der $6 \cdot 10^{24}$ kg Erde im Abstand des Erdradius 6380 km mit der Kraft 1 N angezogen, aber von der 50 kg schweren Joulie aus dem Abstand 0,5 m leider nur mit

$$F = 6{,}7 \cdot 10^{-11} \, \frac{\text{N} \cdot \text{m}^2}{\text{kg}^2} \cdot \frac{0{,}1\,\text{kg} \cdot 50\,\text{kg}}{(0{,}5\,\text{m})^2} \approx 1{,}3 \cdot 10^{-9} \, \text{N}$$

Das ist wenig mehr als ein NanoNewton und damit wird die Tafel Schokolade leider nicht merklich zu Joulies Mund hin beschleunigt!

Kraft und Gegenkraft

Wenn wir bei der Flaute heute noch an Land kommen wollen, dann muss ich am Ende auch noch meine Schuhe opfern !?!

Joulie hat eine physikalische Erkenntnis ausgenutzt, die uns überall begegnet, aber fast nie bewusst wird: Wenn ein Körper auf einen anderen eine Kraft ausübt, dann übt der andere auf den einen Körper eine gleich große, entgegengesetzt gerichtete „Gegenkraft" aus: Joulie übt eine Kraft auf ihren Schuh aus, indem sie ihn wegwirft – dabei entsteht gleichzeitig der Effekt, dass der Schuh eine Kraft auf Joulies Hand (und damit verbunden auf ihren Körper und auf das Boot) ausübt, wodurch die Hand samt Körper und Boot in die gewünschte Richtung bewegt wird.

Raketenbauer nennen diesen Effekt „Rückstoß", in der Physik heißt er allgemein: **„actio = reactio"**. Mit dem Gleichheitszeichen wird zum Ausdruck gebracht, dass die Gegenkraft, die reactio, genauso groß ist wie die erste, die actio. Beide Kräfte haben entgegengesetzte Richtung.

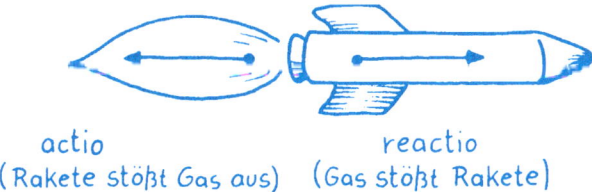

actio
(Rakete stößt Gas aus)

reactio
(Gas stößt Rakete)

Diese Darstellung gilt natürlich nur in dem Augenblick, in dem das Gas aus der Rakete ausgestoßen wird. Wenn das eine Zeitlang ununterbrochen passiert, wird die **Rakete** während dieser Zeit wie durch eine konstante Kraft beschleunigt. Auf das Gas wirkt aber keine Kraft mehr, wenn es die Rakete verlassen hat. Es wird also auch nicht mehr beschleunigt und behält die Geschwindigkeit, die es beim Herausstoßen bekommen hat. Wenn die Rakete ihre gewünschte Geschwindigkeit erreicht hat, werden die Triebwerke ausgeschaltet, kein Gas wird mehr herausgeschoben. Es gibt keine actio und demnach auch keine reactio mehr, auch die Rakete behält jetzt die erreichte Geschwindigkeit bei.

Dasselbe Prinzip von **Kraft und Gegenkraft** tritt auch an einer anderen Stelle auf, an der wir es gar nicht wahrnehmen können: Die Kraft, mit der die Erde an einem Gegenstand zieht, also seine Gewichtskraft, ist die actio; der Gegenstand zieht mit einer gleich großen entgegengesetzten reactio an der Erde. Wir nehmen diesen Effekt deshalb nicht wahr, weil wir zwar erkennen, wie durch die Gewichtskraft der Körper auf die Erde hin beschleunigt wird, aber wir können nicht erkennen, dass die Erde durch die Gewichtskrafts-reactio wegen ihrer vergleichsweise riesigen trägen Masse nur eine äußerst winzige Beschleunigung auf den Gegenstand hin erfährt.

actio
(Erde zieht an Körper)

reactio
(Körper zieh an Erde)

Beim Raketenrückstoß beschleunigen Kraft und Gegenkraft die Rakete und das Verbrennungsgas voneinander weg, bei der Erde und dem Gegenstand sind die Beschleunigungen genau wie die Kräfte aufeinander zugerichtet.

Resultierende Kraft und Kräftezerlegung

Bisher hatten wir immer nur jeweils eine Kraft betrachtet, die an einem Körper angreift. Es kann aber auch vorkommen, dass zwei oder mehr Kräfte wirken. Aber wie viele Kräfte es auch sind, bewegen kann sich der Körper nur in eine einzige Richtung. In diese Richtung muss man sich auch eine einzige Kraft denken können, die all die anderen ersetzt. In der Zeichnung sieht man, in welche Richtung und mit welcher Kraft ein einziges Schleppboot das Segelboot ziehen müsste, wenn es die zwei kleinen Schleppboote ersetzen sollte.

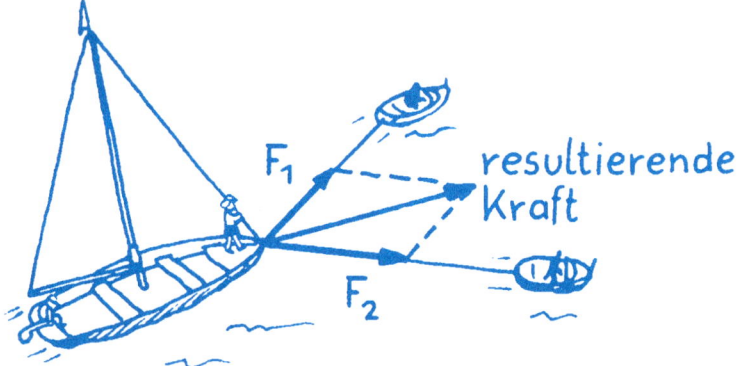

Mit diesem **„Kräfteparallelogramm"**, kann man die **resultierende Ersatzkraft** konstruieren. Diese Grundidee lässt sich aber auch umgekehrt nutzen: Wenn man nur eine Kraft hat, in deren Richtung der Körper sich gar nicht bewegen kann, dann kann man sich diese in Gedanken so in zwei Komponenten aufteilen, dass eine davon in die Bewegungsrichtung zeigt. Beim Segelboot beispielsweise kann das Boot geradeaus segeln, obwohl der Wind von der Seite kommt: Die Windkraft wird aufgeteilt in Vortrieb und Abdrift.

Die Verhältnisse am Segelboot sind zwar noch etwas komplizierter, aber das Grundprinzip ist eine solche Kräftezerlegung, wie sie die Zeichnung zeigt.

Aufgabe 1: Kräfteparallelogramm

Reibungskräfte

Dass die Abdrift nicht so groß ist, wie sie nach der zuständigen Kraft eigentlich sein könnte, liegt daran, dass das Wasser dem Boot in dieser Richtung einen sehr großen Widerstand entgegensetzt: Wenn man eine Kraft aufbringt und sich der Gegenstand nicht so bewegt, wie er es nach dem Newtonschen Grundgesetz tun müsste, sondern so, als hätte man weniger Kraft aufgebracht, dann spricht man davon, dass eine **Reibungskraft** der ursprünglichen Kraft entgegenwirkt. Das passiert immer dann, wenn ein Körper relativ zu einem anderen bewegt werden soll, wobei die Körper meist über eine ganze Fläche miteinander in Berührung sind. Der Begriff Reibungskraft ist aber eigentlich nur eine Umschreibung dafür, dass ein Teil der für die Bewegung vorgesehenen Kraft für etwas anderes benötigt wird:

Bei zwei festen Materialien sind die Berührungsflächen ja nicht absolut eben, sondern sie weisen eine Rauhigkeit auf, die manchmal nur unter der Lupe sichtbar wird. In dieser Rauhigkeit verhakeln sich die beiden Berührungsflächen und es bedarf einer gewissen Kraft, um sie da herauszureißen. Solange die aufgewandte Kraft kleiner ist als diese **Haftreibungskraft**, bewegt sich der Körper nicht.

Wenn aber das Herausreißen gelungen ist und sich der Körper in Bewegung gesetzt hat, ist weniger Kraft nötig, um ihn über mögliche Verhakungen hinwegschliddern zu lassen. Es muss also weniger Kraft vom eigentlichen Bewegungsvorhaben abgezweigt werden. Aus diesem abgezweigten Teil ergibt sich entsprechend die **Gleitreibungskraft**.

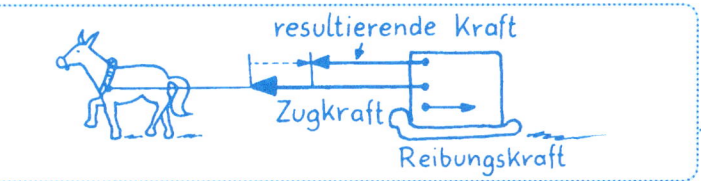

resultierende Kraft

Zugkraft

Reibungskraft

Zur Vereinfachung stellt man sich die Reibungskräfte nicht als abzuzweigenden Teil der aufgebrachten Kraft vor, sondern als zu dieser entgegengesetzt gerichteten Kraft. Dann erhält man als Resultierende dieser beiden die für die Bewegung übrig bleibende Kraft, durch die der Körper beschleunigt wird.

Wenn sich aber der Körper durch eine Flüssigkeit oder durch Luft bewegt, gibt es keine Verhakungen, sondern er muss sich durch das Material durchzwängen, es auseinander drücken. Dabei können sich auch noch Wirbel bilden, die den Bewegungsablauf zusätzlich behindern. In diesem Fall wird der Anteil der Kraft, die nur zur Überwindung dieser Hindernisse nötig ist, mit wachsender Geschwindigkeit größer. Ist die Reibungskraft so groß geworden wie die gesamte zur Verfügung stehende Kraft, dann kann es keine weitere Beschleunigung mehr geben, die erreichte Geschwindigkeit wird nicht mehr größer.

Zum Glück: Regentropfen kämen ohne diesen Effekt mit mehr als $150 \frac{km}{h}$ unten an und würden unsere Regenschirme durchlöchern! So aber erreichen sie eine Maximalgeschwindigkeit von regenschirmverträglichen ca. $30 \frac{km}{h}$.

Diese sogenannte **viskose Reibung** in Flüssigkeiten und Gasen zeichnet sich dadurch aus, dass der bewegte Gegenstand nicht mehr schneller wird, wenn er eine gewisse Maximalgeschwindigkeit erreicht hat. Legt man einen Löffel z.B. in Honig, dann sinkt er mit konstanter Geschwindigkeit zu Boden. Im Unterschied dazu werden die Gegenstände bei der Gleitreibung zwischen festen Stoffen beständig beschleunigt. Das erkennt man gut, wenn man den Tisch kippt, auf dem z.B. ein Buch liegt: Ist die Haftreibung erst überwunden, rutscht das Buch über den Tisch und wird dabei immer schneller.

Impuls

Es ist wieder Wind aufgekommen, Wattson und Joulie freuen sich über Rückenwind und achten nicht auf eine im Wasser treibende Boje.

Das stoßende Boot hat einen Teil seiner Energie an die Boje abgegeben. Beide bewegen sich mit ihrem Energieteil weg – aber in welche Richtung jeweils, das können wir aus dem Energieerhaltungssatz nicht herauslesen!

Wenn man die beiden Energieteile kennt, kann man durch Nachrechnen bestätigen, dass die beiden Energien nach dem Stoß zusammen so groß sind wie die Energie des Boots vor dem Stoß, da ja Energie nicht verloren geht. Die Bewegungsrichtung kann man aber durch die Energie nicht erfassen, weil in der Energieformel

$$W = \frac{1}{2} m \, v^2$$

die Geschwindigkeit v im Quadrat steht; dadurch verliert sie ihre Richtungsaussage und wird zu einer Zahlenangabe. (Das ist wie bei einer in Meter gemessenen Strecke, der man ja ebenfalls eine Richtung zuschreiben kann, während das bei einer in Quadratmeter gemessenen Fläche nicht möglich ist.) Deshalb braucht man einen Begriff, der zur Masse des stoßenden Körpers die Geschwindigkeit ohne Quadrat enthält, das ist der **„Impuls"**:

> Impuls = Masse mal Geschwindigkeit
> p =   m   ·   v
> Die Maßeinheit ist $\frac{kg \cdot m}{s}$

Impulse kann man nun genau wie Kräfte mithilfe eines Parallelogramms zu einem resultierenden Impuls zusammenfassen. Auch für den Impuls gilt ein Erhaltungssatz wie für die Energie: Der **Gesamtimpuls** in einem System bleibt immer gleich, nichts davon geht verloren und nichts kommt hinzu.

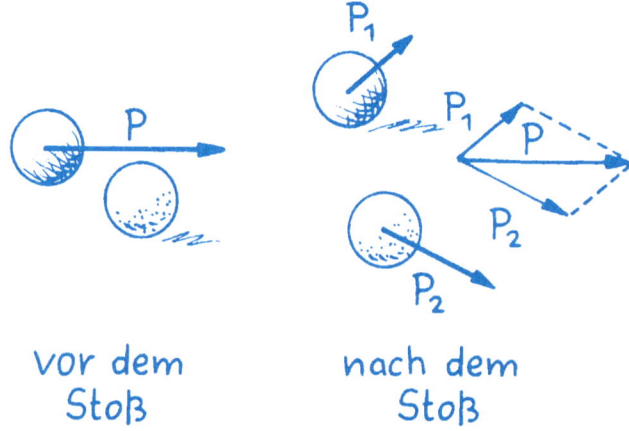

vor dem Stoß   nach dem Stoß

In der Zeichnung sieht man, wie in diesem Beispiel der Impuls p des bewegten Gegenstands beim Stoß mit dem ruhenden Gegenstand auf die beiden Gegenstände aufgeteilt wird. Berechnen kann man das natürlich auch, ein Beispiel finden Sie in den Trainingsaufgaben.

Aufgabe 2: Impuls

Jede **Änderung des Bewegungszustandes** eines Körpers erfordert eine Kraft. Die Größe der **Kraft** F richtet sich nach der trägen Masse m des Körpers und der beabsichtigten Beschleunigung a:

$$F = m \cdot a$$

Übt ein Körper auf einen zweiten eine Kraft aus, so übt dieser eine gleichgroße Kraft auf den ersten aus: **actio = reactio**

Wirken auf einen Körper zwei Kräfte, so lassen sich diese durch eine resultierende Kraft ersetzen, die man als Diagonale im **Kräfteparallelogramm** konstruieren kann.

Reibungskräfte sind keine wirklich vorhandenen Kräfte, sondern eine Hilfskonstruktion, mit der man bewegungshemmende Einflüsse berechnen kann.

Impuls ist eine Größe, die über die Geschwindigkeit eine Richtungsangabe enthält:

$$p = m \cdot v \text{ (Maßeinheit } \tfrac{kg \cdot m}{s} \text{)}$$

Bewegungen

Wer teilt, gewinnt

Die Flugbahn des Steins ist gekrümmt und für Wattson scheint sie deshalb schwierig zu erfassen – wie kann Joulie das im Kopf ausrechnen? Um dies nachzuvollziehen, müssen wir uns zunächst über die verschiedenen Bewegungsformen informieren.

Zur Beschreibung von Bewegungen braucht man die Größen Weg, Zeit, Geschwindigkeit und Beschleunigung; zunächst beschränken wir uns auf geradlinige Bewegungen.

Üblicherweise definiert man

$$\text{Geschwindigkeit} = \text{Weg durch Zeit}$$
$$v = \frac{s}{t}$$

Dies gilt aber in dieser einfachen Form nur, wenn die Geschwindigkeit sich nicht ändert; will man sich darauf nicht festlegen, kann man allgemeiner sagen:

Die Geschwindigkeit ist die Änderung des zurückgelegten Weges pro Zeiteinheit, deshalb kann man sie als 1. Ableitung des Weges nach der Zeit auffassen. Entsprechend ist die Beschleunigung als Geschwindigkeitsänderung pro Zeiteinheit die Ableitung der Geschwindigkeit nach der Zeit und somit auch die 2. Ableitung des Weges nach der Zeit:

$$v = \frac{ds}{dt} \; ; \quad a = \frac{dv}{dt} = \frac{d^2s}{dt^2}$$

(Ganz ausführlich kann man die Herleitung dieser Formeln nachlesen im Kapitel 9 von *Mathe macchiato* – siehe Literaturverzeichnis)

In der Kurzschreibweise der Physiker für Ableitungen nach der Zeit sieht das so aus:

$$v = \dot{s} \quad \text{und} \quad a = \dot{v} = \ddot{s}$$

Gleichförmige Bewegungen

Die einfachste aller Bewegungen ist die sogenannte gleichförmige Bewegung, das ist eine geradlinige Bewegung mit konstanter Geschwindigkeit, für die also gilt:

$$v = \frac{ds}{dt} = \text{konst} \quad \text{und} \quad a = \frac{dv}{dt} = 0$$

In jeder Zeiteinheit wird die gleiche konstante Strecke zurückgelegt; da sich die Geschwindigkeit nicht ändert, ist die Beschleunigung Null.

Beispiele sind eine langweilige Autofahrt auf gerader Strecke, ein Jogger, der sein Schritttempo beibehält, ein Flugzeug während eines Langstreckenfluges. An diesen Beispielen sieht man auch, dass diese Bewegung, die so einfach zu beschreiben ist, in Wirklichkeit so gut wie nie exakt vorkommt.

Könnten wir die Luftreibung und die Erdanziehungskraft ausschalten, dann wäre auch der vom Turm waagerecht weggeworfene Gegenstand ein Beispiel für eine gleichförmige Bewegung, er behielte seine Richtung und auch seine Geschwindigkeit bei – bis ihm irgendeine Kraft eine Änderung aufzwänge.

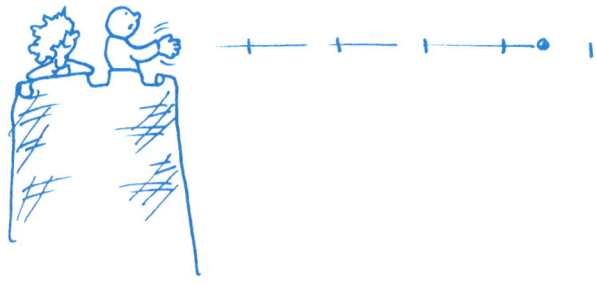

Gleichmäßig beschleunigte Bewegung

Die nächst einfache Bewegungsvariante ist diejenige, bei der die Geschwindigkeit sich kontinuierlich gleichmäßig verändert, in jeder Zeiteinheit nimmt die Geschwindigkeit um den gleichen Betrag zu (oder ab, wofür wir später noch Beispiele sehen werden). Damit erhält die Beschleunigung einen von Null verschiedenen konstanten Wert. Diese Bewegung heißt „gleichmäßig beschleunigt".

Beispiele dafür sind der Start einer Rakete während des gleichbleibenden Antriebs und der sogenannte **freie Fall**: Der Fall nach unten ist eine Bewegung, bei der die Geschwindigkeit zunimmt. Hier ist ja die Erdanziehungskraft für die Bewegung verantwortlich. Die Erdanziehungs-(Gewichts-) Kraft ist bei den Höhenunterschieden wie in unserem

Beispiel mit dem Turm für den fallenden Gegenstand während der gesamten Fallstrecke gleich groß, sie ändert also den Bewegungszustand eines Gegenstandes ständig in gleicher Weise. Wenn man den Luftwiderstand vernachlässigen kann, wie z.B. bei einem Stein, handelt es sich im Idealfall um den sogenannten freien Fall: Der Stein wird immer in gleichem Maße schneller, die Geschwindigkeit wächst „linear" mit der Zeit.

Außerdem hat man herausgefunden, dass die Fallbewegung für alle Körper genau gleich abläuft, unabhängig von ihrem Gewicht – vorausgesetzt, außer der Erdanziehungskraft ist keine weitere Kraft wie die Luftreibung zu berücksichtigen. Bei Steinen trifft das für die im Beispiel vorkommenden Fallhöhen zu, bei nicht so kompakten Gegenständen wie z.B. Taschentüchern aber nicht. Für den Stein gilt, dass seine Geschwindigkeit 1 Sekunde nach dem Loslassen $v \approx 10 \frac{m}{s}$ beträgt (also $36 \frac{km}{h}$) und dass sie nach jeder weiteren Sekunde immer um $10 \frac{m}{s}$ steigt.

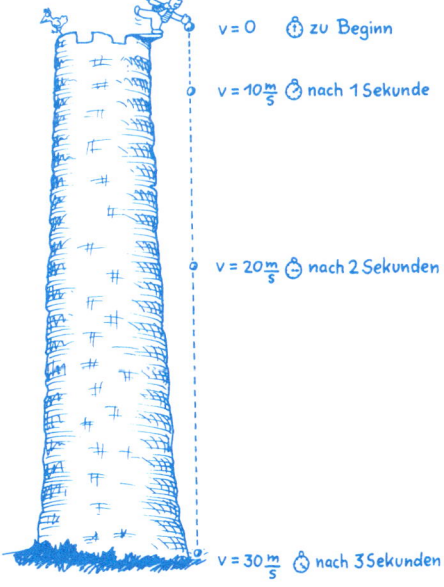

$v = 0$ ☝ zu Beginn

$v = 10 \frac{m}{s}$ ⌚ nach 1 Sekunde

$v = 20 \frac{m}{s}$ ⌚ nach 2 Sekunden

$v = 30 \frac{m}{s}$ ⌚ nach 3 Sekunden

Nach 2 Sekunden ist die Geschwindigkeit also $20 \frac{m}{s}$, nach 3 Sekunden beträgt sie $30 \frac{m}{s}$; die Geschwindigkeitsänderung, also die Beschleunigung, ist demnach

$$\frac{10\frac{m}{s}}{s} = 10\frac{m}{s^2}$$

(genauer eigentlich $9{,}81\frac{m}{s^2}$, aber hier kommt es nicht soo genau drauf an!)

Die seltsame „Quadratsekunde" im Nenner kommt dadurch zustande, dass die Strecke erst einmal durch die Zeit geteilt wird, um die Geschwindigkeit zu erhalten. Das Ergebnis wird nun noch einmal durch die Zeit geteilt – wenn man eine Zahl erst durch 3 und das Ergebnis anschließend erneut durch 3 teilt, kann man sie auch gleich durch 9 teilen ($3 \cdot 3 = 9 = 3^2$).

Die Beschleunigung bekommt beim freien Fall den Namen **Fallbeschleunigung** und wird mit g abgekürzt; es ist also

$$g \approx 10\frac{m}{s^2}$$

Damit lässt sich die Geschwindigkeit zu jedem Zeitpunkt t nach dem Abwurf berechnen:

$$v = 10\frac{m}{s^2} \cdot 3s = 30\frac{m}{s}$$

Bei anderen gleichmäßig beschleunigten Bewegungen wird die Beschleunigung mit dem Buchstaben a („acceleration") abgekürzt:

$$v = a \cdot t$$

Weil die Geschwindigkeit während des Fallens wächst, ist die Fallstrecke in der zweiten Sekunde größer als in der ersten und in der dritten noch größer. Um sie allgemein zu berechnen, greifen wir auf das bewährte Flächenkonzept aus dem 1. Kapitel zurück.

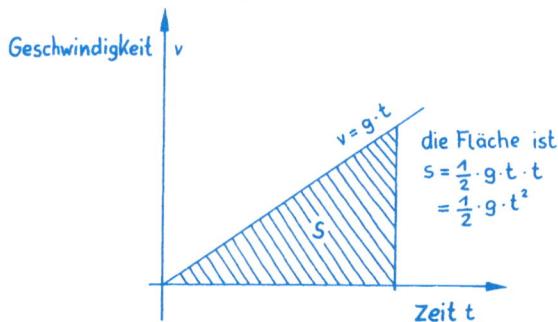

Allgemein gilt für die zurückgelegte Wegstrecke bei einer gleichmäßig beschleunigten Bewegung:

$$s = \tfrac{1}{2}\, a \cdot t^2$$

Der waagerechte Wurf als zusammengesetzte Bewegung

Nun können wir endlich Joulies Kopfrechenkünste vom Beginn des Kapitels nachvollziehen: Der Stein, der vom Turm zunächst waagerecht weggeworfen wird und dann auf einer gekrümmten Bahn nach unten fällt, ist ein gutes Beispiel dafür, dass es in der Physik oft darum geht, kompliziert aussehende Probleme in einfachere Teilprobleme aufzuteilen und sie damit begreifbar, berechenbar und lösbar zu machen.

Hier ist es so, dass wir zwei Bewegungsformen haben: den Abwurf in waagerechter Richtung und den Fall senkrecht dazu nach unten. Man kann beide Bewegungen für sich betrachten, so als sei die andere gar nicht vorhanden, und erkennt hinterher, dass sie tatsächlich von der jeweils anderen unabhängig ablaufen. Die waagerechte Bewegung wird während des Falls ständig unverändert beibehalten – oder andersherum: Der sich waagerecht bewegende Körper fällt gleichzeitig. Es handelt sich also hier um eine Bewegung, die zusammengesetzt ist aus einer gleichförmigen Bewegung waagerecht und einer gleichmäßig beschleunigte Bewegung senkrecht dazu. Die Bahnkurve ist eine Parabel.

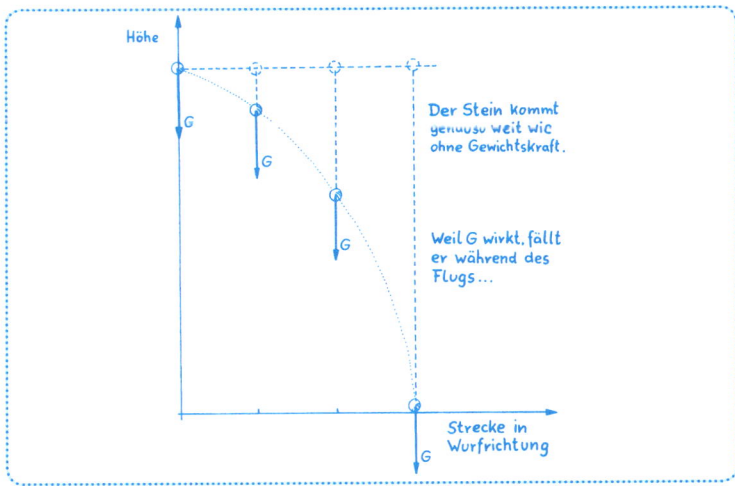

Um die Höhe des Turms zu ermitteln, reicht es, die Fallbewegung zu betrachten. Wegen der Fallzeit von 3 Sekunden bis zum Aufschlagen des Steins ergibt sich

$$s = \frac{10}{2}\frac{m}{s^2} \cdot (3s)^2 = 5\frac{m}{s^2} \cdot 9s^2 = 45m$$

So schwer war das also gar nicht, was Joulie im Kopf gerechnet hatte!

Zum Schluss können wir auch noch ausrechnen, mit welcher Geschwindigkeit der Stein abgeworfen wurde, wenn wir die Entfernung zwischen Turm und Auftreffstelle messen können:

Während des Fallens bewegt sich der Stein waagerecht ja mit gleichbleibender Geschwindigkeit. Ist die Auftreffstelle 20 m vom Turm entfernt, dann hatte der Stein waagerecht folgende Geschwindigkeit:

$$v = \frac{20\,m}{3\,s} \approx 6,7\,\frac{m}{s}$$

Das Prinzip, einen Sachverhalt in einfachere Komponenten zu zerlegen, finden wir bei vielen anderen Arten der Bewegung, wobei fast immer die beiden einfachsten Arten auftreten, die wir schon beim waagerechten Wurf kennen gelernt haben:

Wenn ein Schiff durch eine Strömung von dem gesteuerten Kurs abkommt, dann haben wir zwei gleichförmige **Bewegungen**, die meist **nicht senkrecht zueinander** sind: die durch den Schiffsmotor und die durch die Strömung verursachte.

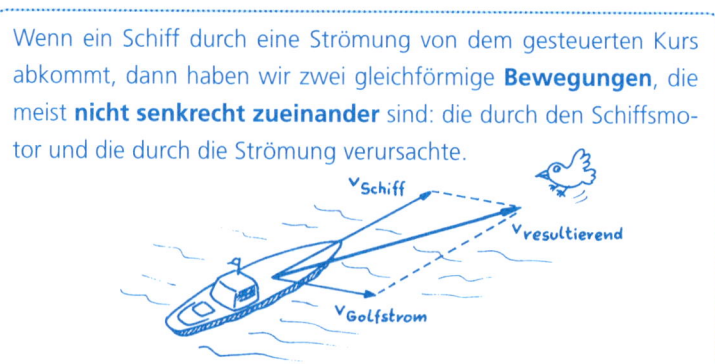

An diesem Beispiel sieht man auch noch deutlicher als beim waagerechten Wurf, dass die eine Bewegung (die durch den Schiffsmotor verursachte) **ungestört** von der anderen (die Abdrift durch den Golfstrom) beibehalten wird.

Vom Prinzip her gleich sind die Bewegungen eines nach oben geworfenen Gegenstands, z.B. eines Balls, und die **Bremsbewegung** eines Autos oder eines Schiffs. Beide setzen sich aus einer gleichförmigen Bewegung mit konstanter Geschwindigkeit und einer gleichmäßig beschleunigten Bewegung mit wachsender Geschwindigkeit zusammen, die aber im Unterschied zu den vorherigen Beispielen genau entgegengesetzt gerichtet sind.

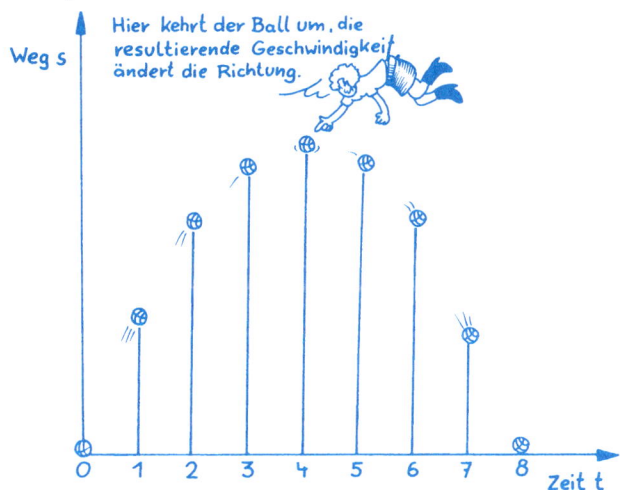

Da die Geschwindigkeit der „bremsenden" Fallbewegung beständig wächst, wird von der Anfangsgeschwindigkeit ein immer größerer Betrag abgezogen. Die resultierende Geschwindigkeit v_{res} wird kleiner, bis sie beim Halte- bzw. Umkehrpunkt Null wird und dann in Richtung der Bremsbewegung zunimmt.

Wurf nach oben

$$v = v_0 - g \cdot t$$
$$s = v_0 \cdot t - \frac{1}{2} \cdot g \cdot t^2$$

Bremsbewegung

$$v = v_0 - a_{Brems} \cdot t$$
$$s = v_0 \cdot t - \frac{1}{2} a_{Brems} \cdot t^2$$

Bei einem Kraftfahrzeug ergibt sich a_{Brems} aus der Bauweise der Bremsen und der Reifenhaftung auf der Straße. Ein Schiff wird dadurch gebremst, dass die Drehrichtung der Schiffsschraube umgekehrt wird. Das führt dazu, dass das Schiff nach dem Stillstand rückwärts fährt, wenn man dann den Motor nicht abstellt – genau wie der nach oben geworfene Ball, der ja auch irgendwann wieder zurückfällt, weil der „Motor" Erdanziehungskraft nicht abgestellt werden kann.

> Aufgabe 3: Bremsweg und Reibungskraft

Kreisbewegung

Geschwindigkeitsänderung kann aber nicht nur wie in den bisherigen Beispielen die Änderung des Zahlenwerts bedeuten, z.B. von $0\,\frac{\text{m}}{\text{s}}$ auf $10\,\frac{\text{m}}{\text{s}}$, sondern auch die Änderung der Richtung, wie das bei der Kreisbewegung der Fall ist:

Hier ist die Kraft nicht dafür zuständig, dass ein Gegenstand schneller oder langsamer wird, sondern sie bewirkt eine **Richtungsänderung**, und auch das nennt man **Beschleunigung**. Den Zahlenwert der Geschwindigkeit, ihren „Betrag", berechnet man genauso wie immer als Weg durch Zeit, wobei der Weg der Kreisumfang ist, die zugehörige Zeit T nennt man Umlaufzeit. Weil T im Nenner steht, kann man auch den Begriff Frequenz benutzen, der für sich ständig wiederholende Prozesse zuständig ist $\frac{1}{T} = f$.

Um die „Drehgeschwindigkeit" des ganzen Systems unabhängig von der Entfernung des betrachteten Körpers vom Mittelpunkt zu erfassen, gibt man die **Winkelgeschwindigkeit ω** an:

Geschwindigkeit auf dem Kreis = Kreisumfang durch Umlaufzeit

$$v = \frac{2\pi r}{T} = 2\pi r f$$

Winkelgeschwindigkeit = Drehwinkel durch Zeit
= Vollwinkel durch Umlaufzeit

$$\omega = \frac{\alpha}{t} = \frac{2\pi}{T} = 2\pi f$$

Die Formel zur Berechnung der **Kreisbeschleunigung** ist nicht ganz so einfach wie die bei den geradlinigen Bewegungen. Man kann nämlich nicht „einfach" die Ableitung bilden; es muss auch noch die Richtung auf den Kreismittelpunkt berücksichtigt werden. Anschaulich einleuchtend ist aber, dass die Kraft, die den Körper beständig von der geradlinigen Flugbahn weg in Richtung Kreismittelpunkt zieht, umso größer sein muss, je größer die Geschwindigkeit auf der Kreisbahn ist. Mit der Kraft hängt also auch nach $F = m \cdot a$ die Beschleunigung a von der Bahngeschwindigkeit v ab.

Der zweite Einfluss auf die Beschleunigung ergibt sich aus dem Verhältnis der Bahngeschwindigkeit zum Radius: Beim Karussell hat ein weiter außen fliegender Körper entsprechend dem größeren Radius eine höhere Geschwindigkeit, um in der gleichen Zeit einmal herumzukommen wie der weiter innen fliegende. Damit ist auch die Beschleunigung als Änderung der Geschwindigkeit pro Zeiteinheit größer.

Mit der Abhängigkeit von v und von $\frac{v}{r}$ ergibt sich für die **Kreisbeschleunigung** (sie heißt auch **Zentripetalbeschleunigung**):

$$a = v \cdot \frac{v}{r} = \frac{v^2}{r}$$

Die Geschwindigkeit geht hier also im Quadrat ein. Bei der doppelten Geschwindigkeit ist die vierfache Kraft erforderlich, die eine vierfache Beschleunigung bewirkt.

Aufgabe 4: Kraft und Masse

Hier noch einmal der Überblick über die Grundformen der Bewegungen:

	gleichförmig	gleichmäßig beschleunigt	Kreis
Konstant ist	Geschwindigkeit v	Beschleunigung a	Beschleunigung und Betrag der Geschwindigkeit
Formeln zur Berechnung			
Weg s (in m)	$s = v \cdot t$	$s = \frac{a}{2} t^2$	$s = 2\pi r$ (gilt für eine Umdrehung)
Geschwindigkeit v (in $\frac{m}{s}$)	$v = konst = \frac{s}{t}$	$v = a \cdot t$	$v = \frac{2\pi r}{T} = 2\pi r f$ $\omega = \frac{2\pi}{T} = 2\pi f$
Beschleunigung a (in $\frac{m}{s^2}$)	$a = 0$	$a = konst = \frac{v}{t}$	$a = \frac{v^2}{r}$

Druck und Hebel

Der längere Hebel ist das beste Druckmittel

Druck

Wenn die Kraft nicht nur an einem Punkt angreift, sondern eine ganze Angriffsfläche hat, kann man sich die Auswirkung so vorstellen, als bestünde die Fläche aus lauter kleinen Einheitsflächen, auf die sich die Kraft verteilt.

Die **Kraft pro Flächeneinheit** ist der Quotient aus Kraft und Fläche; diesen Quotienten nennt man „Druck".

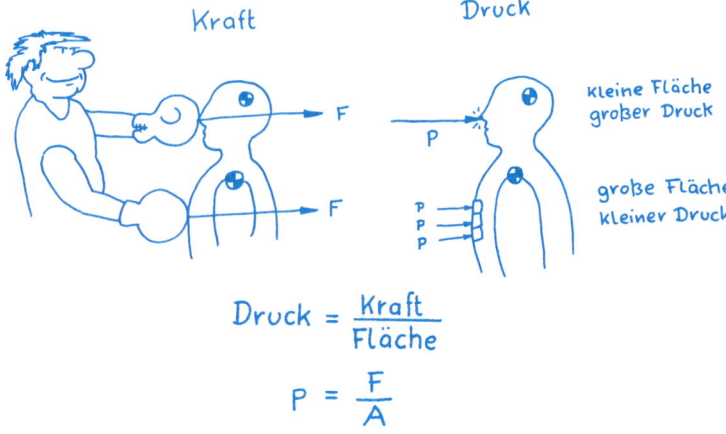

$$Druck = \frac{Kraft}{Fläche}$$

$$P = \frac{F}{A}$$

Die Einheit ist Pascal (Pa) als Abkürzung für $\frac{N}{m^2}$

Wattson muss also schnell überlegen: Joulie hat ein Gewicht von 500 N, ihr Absatz hat eine Fläche von etwa 4 cm², also beträgt der von ihr ausgeübte Druck

$$p = \frac{500\,\text{N}}{0{,}0004\,\text{m}^2} = 1250000 \ \text{Pa}$$

Die Elefantendame Emma hat ein Gewicht von etwa 50000 N und ihr Fuß hat eine Fläche von $\frac{1}{8}\text{m}^2 = 0{,}125\text{m}^2$. Damit übt sie einen Druck aus von

$$p = \frac{50000\text{N}}{0{,}125\text{m}^2} = 400000 \ \text{Pa}$$

Joulies Druck ist also mehr als dreimal so groß wie der von Emma! Es wäre also Emma vorzuziehen – wenn man nicht doch besser auf dieses Kunststück ganz verzichtet.

Überall dort, wo die auf eine Fläche drückende **Kraft** eine **große Wirkung** haben soll, muss man für eine sehr kleine Fläche sorgen. Nadeln und Nägel, die leicht in andere Materialien eindringen sollen, haben deshalb Spitzen. Für eine **geringe Wirkung** wählt man dagegen eine große Angriffsfläche, wie z.B. breite Tragegriffe bei Koffern.

Druck in Flüssigkeiten

Alle Gegenstände üben durch ihre Gewichtskraft Druck auf ihre Unterlage aus. Bei Flüssigkeiten in einem Gefäß ergibt sich das Gewicht durch das Volumen der Flüssigkeit und den Materialfaktor Dichte:

$$\text{Gewicht} = \text{Masse} \cdot \text{Erdbeschleunigung}$$
$$= \text{Dichte} \cdot \text{Volumen} \cdot \text{Erdbeschleunigung}$$
$$= \text{Dichte} \cdot \text{Fläche} \cdot \text{Höhe} \cdot \text{Erdbeschleunigung}$$
$$G = \rho \cdot A \cdot h \cdot g$$

Da man durch die Fläche teilt, ist der Druck nur von der Höhe der Flüssigkeit über der Fläche abhängig:

> **Flüssigkeitsdruck**
>
> $$p = \frac{G}{A} = \frac{\rho \cdot A \cdot h \cdot g}{A} = \rho \cdot h \cdot g$$

Es spielt also keine Rolle, wie groß der See ist – Wattson verspürt in 1 Meter Tiefe genau den gleichen Wasserdruck von etwa 10000 Pa, egal ob er in der Ostsee oder im Bodensee taucht. In der Nordsee wäre der Druck geringfügig höher, da wegen des Salzgehalts die Dichte des Nordseewassers etwas größer ist.

Aber Wattson spürt nicht nur den Druck der Wassermenge von oben, sondern auch einen Druck von unten und von allen Seiten: In Flüssigkeiten wird nämlich der Druck nach allen Seiten weitergegeben. Andernfalls könnte beispielsweise der Wein aus einem Weinschlauch gar nicht durch den Hahn seitlich herausfließen.

Nicht nur für den Weinschlauch, also das Vergnügen, ist die allseitige Druckausbreitung in Flüssigkeiten wichtig. Auch eine wesentliche Arbeitserleichterung kann sich daraus ergeben: Eine **hydraulische Presse** besteht aus zwei verschieden großen Stempeln, die einen Flüssigkeitsbehälter abschließen. Durch Druck auf den einen der beiden Stempel kann der andere bewegt werden. Eine kleine Kraft, die auf die kleine Fläche ausgeübt wird, führt zu einer großen Kraft auf die große

Fläche: Joulie kann mit einer kleinen Kraft F_1 auf Wattson eine große Kraft F_2 ausüben, ihn beispielsweise mit dem Stempel hochheben.

$$\frac{F_1}{A_1} = P = \frac{F_2}{A_2}$$

Auftrieb

Da Wattson nun nicht papierdünn ist, sondern eine gewisse Dicke aufweist, ist der Druck von oben in der Wassertiefe h_1 etwas niedriger als der von unten in der Wassertiefe h_2. Wenn Wattson also beispielsweise 30 cm „dick" ist, dann spürt er von oben den Druck

$$1000\,\frac{\text{kg}}{\text{m}^3} \cdot 10\,\frac{\text{N}}{\text{kg}} \cdot 1\,\text{m} = 10000\,\text{Pa}$$

und von unten

$$1000\,\frac{\text{kg}}{\text{m}^3} \cdot 10\,\frac{\text{N}}{\text{kg}} \cdot 1{,}3\,\text{m} = 13000\,\text{Pa}.$$

Pfeile zur Veranschaulichung des Drucks werden im Gegensatz zu Kraftpfeilen in Richtung der Angriffsfläche gezeichnet.

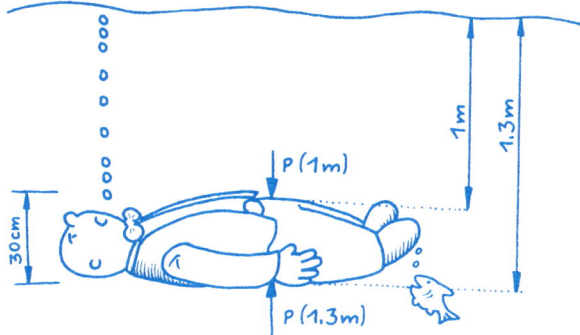

Die Folge dieser Druckdifferenz von 3000 Pa ist eine Kraft, die Wattson nach oben treibt, die sogenannte Auftriebskraft F_A. Alle Körper erfahren in einer Flüssigkeit eine Auftriebskraft. Deren Größe hängt von der Differenz der Dichten ab: Ist die Dichte des Körpers größer als die der Flüssigkeit, wirkt der Körper in der Flüssigkeit leichter als draußen. Sind die Dichten gleich, so schwebt der Körper in der Flüssigkeit. Wenn der Körper an der Oberfläche schwimmt, so ist seine Dichte kleiner als die der Flüssigkeit.

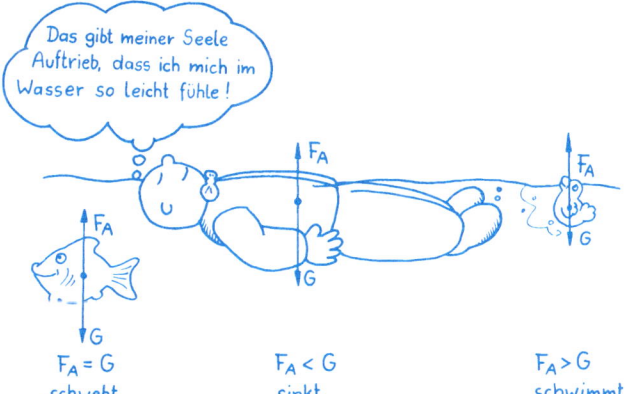

Wenn man die Größe der **Auftriebskraft** wissen möchte, muss man die Fläche berücksichtigen. Da Fläche mal Höhe = Volumen gilt, beträgt die Auftriebskraft

$$F_A = p \cdot A = \rho_{Wasser} \cdot g \cdot h \cdot A = \rho_{Wasser} \cdot g \cdot V$$

und das ist gerade die Gewichtskraft des durch den Körper verdrängten Wassers.

Im Toten Meer ist wegen des hohen Salzgehalts das ρ_{Wasser} und damit der Auftrieb so groß, dass man dort „auf dem Wasser liegen" kann.

Luftdruck

Wasser ist nicht kompressibel, sein Volumen bleibt auch unter Druck gleich. Ganz anders verhält es sich bei Gasen, z.B. Luft: Diese kann man zusammendrücken, also ihr Volumen verkleinern. Über uns liegt ja eine ziemlich dicke **Luftschicht**, bei der die unteren Teile durch die darüberliegenden zusammengedrückt werden. Während bei Wasser die Oberfläche mit dem Druck null als Ausgangslage dient, ist es beim Luftdruck die Stelle mit dem höchsten Druck: der Erdboden. Dieser Druck beträgt im Mittel etwa 100000 Pa, das entspricht dem Wasserdruck in 10 m Tiefe!

Wir tragen also praktisch immer so etwas wie eine **10 m hohe Wassersäule auf dem Kopf**; die Auflagefläche dieser Wassersäule auf dem Kopf ist in etwa 150 cm² groß, die Wassersäule enthält demnach ca. 150 Liter Wasser! Es fällt uns nur deswegen nicht auf, weil wir daran gewöhnt und entsprechend konstruiert sind. In 10 Meter Wassertiefe erfahren wir dann zu dem Wasserdruck auch noch den Luftdruck, insgesamt 200000 Pa.

Die Einheit Pascal ergibt beim Luftdruck sehr große Zahlenwerte. Deshalb wird im Wetterbericht der **Luftdruck** in Hektopascal (hPa) angegeben:

$100 \, \text{Pa} = 1 \, \text{hPa}.$

Der Normal-Luftdruck auf Meereshöhe beträgt dann ungefähr 1000 hPa. In Tiefdruckgebieten sinkt der Druck auf bis zu 900 hPa, im Hochdruckgebiet steigt er auf bis zu 1030 hPa.

Der Luftdruck nimmt nach oben nicht linear ab (so wäre das bei Wasser), sondern exponentiell: In 5,5 km Höhe entspricht der Druck nur noch der Hälfte, in 11 km Höhe nur noch einem Viertel des Drucks am Boden. Zur Berechnung benutzt man die sogenannte barometrische Höhenformel:

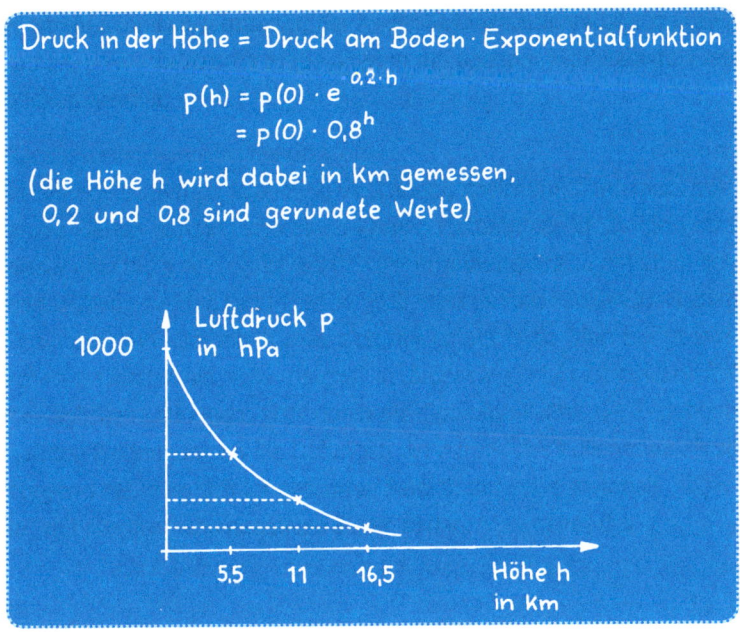

Druck in der Höhe = Druck am Boden · Exponentialfunktion

$$p(h) = p(0) \cdot e^{0,2 \cdot h}$$
$$= p(0) \cdot 0,8^h$$

(die Höhe h wird dabei in km gemessen, 0,2 und 0,8 sind gerundete Werte)

Luftdruck p in hPa

1000

5,5   11   16,5   Höhe h in km

Diese Formel gilt zwar nur dann genau, wenn die Temperatur im gesamten Bereich gleich ist, für die meisten Überlegungen ist sie aber auch ohne eine Temperaturkorrektur genau genug.

Weil der Luftdruck wie der Wasserdruck nach allen Seiten wirkt, sind Bälle kugelförmig „rund". Mit der Wirkung des Luftdrucks hat auch das Ketchup-Flaschen-Problem zu tun:

Luft

Ketchup

Wenn von oben keine Luft an das Ketchup kommen kann, verhindert der Luftdruck von unten das Herausfließen; erst wenn sich durch Schütteln ein bisschen Luft nach oben durchmogeln kann, stürzt das zähe Ketchup heftig nach unten. Wenn die Luft gleich durch den Strohhalm kommt, kann das Fließen langsam und dosiert einsetzen.

> Aufgabe 5: Druck

Hebel

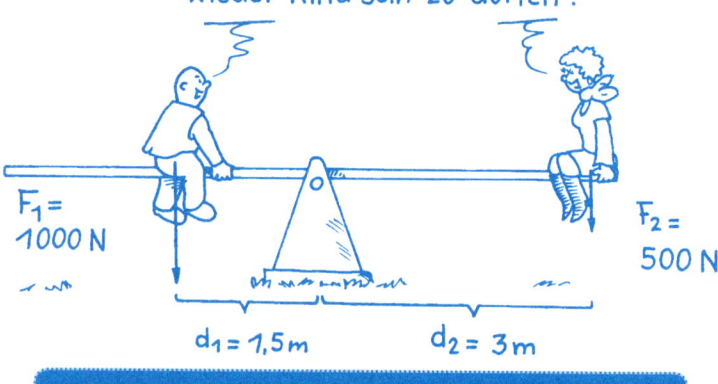

Wie schön, im Dienste der Wissenschaft wieder Kind sein zu dürfen!

$F_1 = 1000\ N$

$F_2 = 500\ N$

$d_1 = 1{,}5\ m$ $\qquad$ $d_2 = 3\ m$

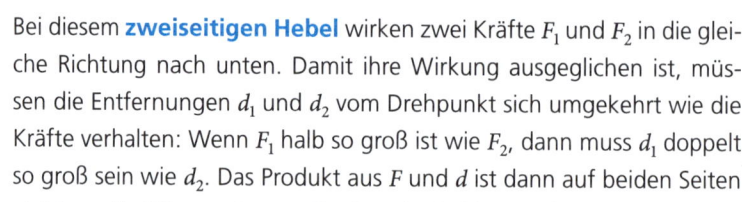

$$\text{Kraft} \cdot \text{Kraftarm} = \text{Last} \cdot \text{Lastarm}$$
$$F_1 \cdot d_1 = F_2 \cdot d_2$$

Bei diesem **zweiseitigen Hebel** wirken zwei Kräfte F_1 und F_2 in die gleiche Richtung nach unten. Damit ihre Wirkung ausgeglichen ist, müssen die Entfernungen d_1 und d_2 vom Drehpunkt sich umgekehrt wie die Kräfte verhalten: Wenn F_1 halb so groß ist wie F_2, dann muss d_1 doppelt so groß sein wie d_2. Das Produkt aus F und d ist dann auf beiden Seiten gleich groß. Oft nennt man die eine der beiden Kräfte zur Unterscheidung „Last".

Das Produkt $F \cdot d$ hat hier nicht die Bedeutung von Energie oder Arbeit, weil F und d nicht gleichgerichtet sind, sondern zueinander senkrecht. Jede der beiden Kräfte kann eine Drehung erzeugen, deshalb nennt man das Produkt $F \cdot d$ **Drehmoment**. Wenn die Drehmomente rechts und links vom Drehpunkt gleich sind, ist der Hebel im Gleichgewicht. Dann reicht bei der Wippe eine ganz kleine Kraft, um sie nach der einen oder der anderen Seite zu drehen. Zweiseitige Hebel sind beispielsweise Scheren und Zangen.

Bei einem **einseitigen Hebel** befindet sich der Drehpunkt am Ende des Hebels, die beiden Kräfte greifen in entgegengesetzter Richtung an. Ein Beispiel für einen einseitigen Hebel ist der Nussknacker: An dem langen Hebelarm muss man nur eine kleine Kraft aufwenden. Die Nuss, die dicht am Drehpunkt des Hebels liegt, wird dann durch eine große Kraft aufgebrochen.

Auch unser **Arm** ist ein **einseitiger Hebel**, aber hier ist es umgekehrt wie beim Nussknacker: Der lange Hebelarm d_2 vom Ellenbogen bis zur Hand ist ungefähr siebenmal so lang wie der kurze Hebelarm d_1 bis zum Angriffspunkt des Muskels. Um ein Massestück zu heben, muss die Muskelkraft F_1 also siebenmal so groß sein wie die zu überwindende Gewichtskraft F_2! Das erscheint zunächst widersinnig.

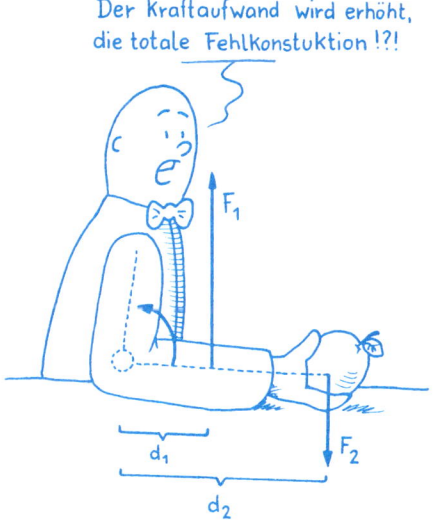

Die Konstruktion des menschlichen Armes erfüllt aber einen ganz anderen Zweck sehr gut: Wenn der Muskel sich im Bruchteil einer Sekunde um ein kleines Stück verkürzt, wird die Hand in der gleichen kurzen Zeit um das siebenfache Stück bewegt. Ein Gegenstand in der Hand (Ball,

Stein, Wurfspeer,..) wird in der kurzen Zeit auf eine relativ große Geschwindigkeit von etwa $10\frac{km}{h}$ beschleunigt.

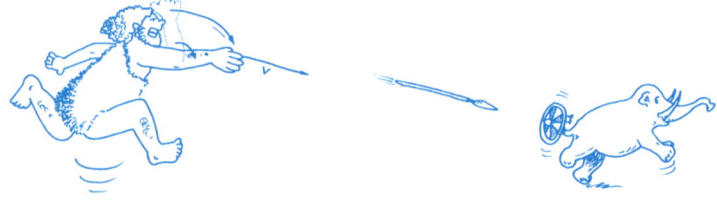

Trainierte Menschen können in ihrem Körper noch mehr raffiniert angebrachte Hebel und Muskeln nutzen und damit Gegenstände auf etwa $150\frac{km}{h}$ beschleunigen – für Steinzeitjäger sicher eine sehr wichtige Fähigkeit!

Der **Druck** p ist eine Relation zwischen der Kraft F und der Fläche A, auf die die Kraft wirkt:

$$p = \frac{F}{A}$$

Der **Druck in Flüssigkeiten** wirkt nach allen Richtungen. Er hängt nur von der Höhe der Flüssigkeit über dem Messpunkt und der Dichte der Flüssigkeit ab: $p = \rho \cdot h \cdot g$

Der **Auftrieb** ist eine Folge des unterschiedlich großen Flüssigkeitsdrucks, der von oben und von unten auf einen Körper in der Flüssigkeit wirkt. Die Auftriebskraft F_A, die den Körper nach oben zieht, so dass sein Gewicht in der Flüssigkeit geringer zu sein scheint als außerhalb, hängt nur vom Volumen des Körpers und der Dichte der Flüssigkeit ab: $F_A = \rho \cdot V \cdot g$

Der **Luftdruck** nimmt mit der Höhe h vom Erdboden exponentiell ab: $p(h) = p(0) \cdot 0{,}8^h$

(h ist dabei die Maßzahl der in km gemessenen Höhe)

Hebel sind Vorrichtungen, die eine Kraft vergrößern oder verkleinern, je nach dem Verhältnis $\frac{d_1}{d_2}$ der beiden Dreharme:

$$F_1 \cdot d_1 = F_2 \cdot d_2 \quad \text{bzw.} \quad F_2 = F_1 \cdot \frac{d_1}{d_2}$$

Warme Empfehlungen

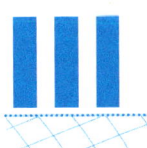

Wärme
Brandheiße Tipps

Wärme und innere Energie

> Spare ich Kalorien, wenn ich das Huhn kalt esse??

Wattson hat zwar Recht: Warmes Essen enthält mehr Energie als kaltes, aber er sollte sich den Genuss des frisch gebratenen, heißen Hühnchens nicht entgehen lassen. Mit der Formel für die **Energiedifferenz** ΔQ bei einer Temperaturänderung ΔT aus dem Kapitel 1 und dem Tabellenwert für die spezifische Wärmekapazität c_w des Hühnchenfleisches erhalten wir

$$\Delta Q = c_W \cdot \Delta T \cdot m \approx 3\frac{kJ}{kg\,{}^\circ C} \cdot 40\,{}^\circ C \cdot 1kg = 120kJ$$

Die Energie des Hühnchenfleisches würde um 120 kJ sinken, wenn er es von 65 °C auf 25 °C abkühlen ließe. Andererseits schlägt das 1 kg-Hühnchen laut Kalorientabelle mit ca. 1700 kcal ≈ 7000 kJ, also etwa dem Sechzigfachen von ΔQ, zu Buche. Da sollte er sich das lächerliche Sechzigstel Energie zusätzlich einfach schmecken lassen!

Im Sprachgebrauch der Physiker entspricht **Wärme** dem Begriff der Arbeit. Sie wird abgegeben, transportiert, aufgenommen, ... Es geht also immer um einen Vorgang. Sobald die Wärme aufgenommen und gespeichert wurde, nennt man den Zustand **innere Energie**.

Temperatur

Die innere Energie eines Körpers kann man nicht direkt messen, es gibt aber einen Indikator, der Vergleiche ermöglicht: die Temperatur.

Mit dem Thermometer misst man nicht „die Wärme", sondern die durchschnittliche Bewegungsenergie der Moleküle des Gegenstandes. Dies wiederum kann nur über einen Umweg geschehen: Man misst, wie sich eine Energieübertragung von dem zu untersuchenden Gegenstand auf das Thermometer auswirkt. Wenn die Anzeige des Thermometers sich nach kurzem Kontakt mit dem Gegenstand nicht mehr verändert, findet keine Energieübertragung mehr statt, das Thermometer und der Gegenstand haben dann die gleiche Temperatur.

Zur Messung der Temperatur dienen verschiedene Skalen, die auf einem Vergleich mit zwei in der Natur vorkommenden Zuständen basieren. Auf der Celsius-Skala entspricht 0 °C dem Gefrierpunkt von Wasser und 100 °C seinem Siedepunkt. In der Naturwissenschaft heute gebräuchlich ist die **Kelvin**-Skala. Bei deren Definition ging man davon aus, dass die hier zuständige innere Energie von der Bewegung der Atome herrührt. Deshalb legte man den Nullpunkt so fest, dass dort keine Bewegung mehr stattfindet. Dies ist bei -273 °C der Fall, dem sogenannten **absoluten Nullpunkt**. Dabei handelt es sich um die niedrigste Temperatur, die es geben kann. Dem Wassergefrierpunkt entsprechen 273 K (K für Kelvin, ohne Grad-Zeichen).

In der Nähe des absoluten Nullpunkts zeigen viele Stoffe ungewöhnliche Eigenschaften, beispielsweise sinkt bei manchen der elektrische Widerstand auf fast null Ohm, diesen Effekt nennt man **Supraleitung**. Deshalb ist das Erreichen immer niedrigerer Temperaturen ein aktuelles Forschungsziel. Das ist nicht so einfach, aber bis auf wenige Grad ist man an null Kelvin schon herangekommen.

Bei Gasen kann man sogar einen direkten Zusammenhang zwischen dem Bewegungszustand der Atome und der Temperatur des Gases angeben. Die mittlere **Bewegungsenergie der Atome** lässt sich mit der folgenden Formel berechnen:

$$\overline{W}_{kin} = \frac{3}{2} \cdot 1{,}38 \cdot 10^{-23} \, \frac{J}{K} \cdot T$$

Bei 20 °C, also $T = 293$ K, hat im Durchschnitt jedes Gasteilchen die Energie $6 \cdot 10^{-21}$ J.

Wenn das Gas aus Sauerstoffmolekülen mit der Masse $5{,}4 \cdot 20^{-26}$ kg besteht, dann findet man für die Gasteilchen einen Mittelwert der **Geschwindigkeit** von ca. $470 \, \frac{m}{s}$, das sind immerhin fast $1700 \, \frac{km}{h}$! Viele sind deutlich langsamer, einige viel schneller. Da die Gasteilchen aber ständig mit anderen zusammenstoßen und dabei jedes Mal ihre Richtung ändern, schaffen sie es nie, in einer Sekunde eine gerade Strecke von 470 Meter Länge weit zu fliegen.

Zustandsgleichung

Durch diese hohe Energie gelingt es den Gasteilchen aber, eine ziemlich große Kraft auf die Wände auszuüben, die das Gasvolumen einschließen. Sie üben also einen Druck aus, der umso größer ist, je höher die Temperatur ist. Erhöht man die Temperatur und lässt die Wände diesem Druck nachgeben, so dass der ursprüngliche Druck erhalten bleibt, vergrößert sich wegen des Nachgebens das Volumen – oder einfacher gesagt:

$$\frac{\text{Druck} \cdot \text{Volumen}}{\text{Temperatur}} = \frac{p \cdot V}{T} = \text{Konstant}$$

Dies ist die **allgemeine Zustandsgleichung** für Gase. Die Ballons im Bild oben umschließen Gasvolumen der gleichen Temperatur. Der rechte Ballon hat im Vergleich zum linken sein Volumen vergrößert, dafür ist der Druck auf die Ballonwände jetzt kleiner.

Im **Schnellkochtopf** dagegen ist das Luftvolumen V durch die Topfgröße und das Volumen des Garguts festgelegt; bei einem 7-Liter-Topf kann man von etwa 5 Liter Luft ausgehen (also $5 \cdot 10^{-3}$ m³). Wenn diese Luftmenge zu Beginn eine Zimmertemperatur von 25 °C, also 298 K hat und den im Zimmer herrschenden Luftdruck von 1010 hPa, erhält die Konstante für dieses „System" den Wert

$$\frac{p \cdot V}{T} = \frac{1{,}01 \cdot 10^{5}\,\text{Pa} \cdot 5 \cdot 10^{-3}\,\text{m}^{3}}{298\,\text{K}} \approx 1{,}7\,\frac{\text{N} \cdot \text{m}}{\text{K}}$$

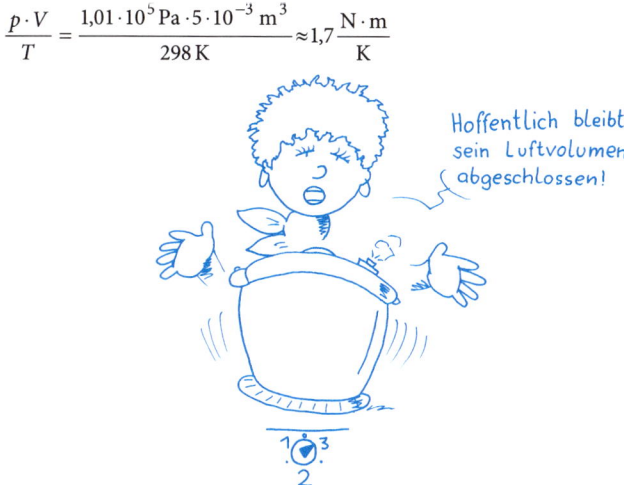

Wird nun langsam das im Topf enthaltene Wasser zum Sieden gebracht, erwärmt sich entsprechend die Luft in dem geschlossenen und abgedichteten Topf. Da das Volumen V konstant bleibt, steigt der Druck p im gleichen Maße wie die Temperatur T. Wasser siedet aber unter höherem Druck erst bei mehr als 100 °C, deshalb wird auch der entstehende Wasserdampf heißer und das beschleunigt den Garvorgang.

Auswirkung der Wärmezufuhr

Nicht nur Gase, auch Flüssigkeiten und feste Körper vergrößern ihr Volumen bei Erwärmung. Die meisten gebräuchlichen Temperaturmessgeräte nutzen diese Eigenschaft.

Heutzutage gibt es elektronische Schaltungen, die auf Veränderungen der Temperatur mit Veränderungen einer Spannung reagieren. Diese kann dann im Gerät in eine Temperatur umgerechnet und angezeigt werden.

Führt man einem Körper Wärme zu, so erhöht sich im Allgemeinen seine Temperatur; es gibt aber auch Fälle, in denen die Energiezufuhr eine andere Auswirkung hat: **Eis schmilzt** bei 273 K (= 0 °C). Hat man Eis von niedrigerer Temperatur, so wird es durch Energiezufuhr kontinuierlich bis 273 K erwärmt. Bei weiterer Energiezufuhr passiert zunächst scheinbar gar nichts – aber nur scheinbar! Die Energie wird nämlich gebraucht, um den sogenannten **Aggregatzustand** zu ändern.

Das Eis geht vom festen in den flüssigen Zustand über, ohne dass sich die Temperatur des Schmelzwassers erhöht. Erst wenn das Eis zu Wasser geworden ist, kann weitere Energiezufuhr wieder die Temperatur erhöhen. Nach dem gleichen Prinzip wird zum **Verdampfen** des Wassers Energie benötigt, ohne dass sich die Siedetemperatur von 373 K (100 °C) erhöht.

Die nötigen Energiemengen lassen sich mit den folgenden Formeln ausrechnen.

		Für Wasser ist
Temperaturerhöhung	$Q = c_w \cdot m \cdot \Delta T$	$c_w \approx 4{,}2 \; \frac{kJ}{kg \cdot K}$
Schmelzen	$Q = konst_s \cdot m$	$konst_s = 334 \; \frac{kJ}{kg}$
Verdampfen	$Q = konst_v \cdot m$	$konst_v = 2256 \; \frac{kJ}{kg}$

Die Materialkonstanten gibt es zum Nachschlagen in entsprechenden Tabellen.

Zum Schmelzen von 1 kg Eis benötigt man 334 kJ. Um das entstandene Wasser zum Sieden zu bringen, braucht man nur wenig mehr, nämlich 420 kJ, aber um diesen Liter Wasser zu verdampfen, ist mehr als das Fünffache nötig: 2256 kJ. Deshalb enthält heißer Wasserdampf sehr viel Energie. Das macht sich unangenehm bemerkbar, wenn man sich an heißem Wasserdampf verbrüht. Wenn dieser an der „kalten" Hand kondensiert, gibt er die Verdampfungsenergie wieder ab, und das ist mehr, als die gleiche Menge siedenden Wassers abgeben könnte!

Aufgabe 6: Wasserkocher

Wärmeübertragung

Energie, die zur Temperaturerhöhung führt, erhält man durch Reibung, durch elektrischen Strom oder durch chemische Prozesse, bei Letzteren hauptsächlich durch Verbrennung.

Die Energieübertragung auf andere Körper kann mit oder ohne Materialtransport stattfinden. Wenn sie mit Materialtransport geschieht, nennt man den Vorgang **Konvektion**. Die Vorgänge, bei denen kein Material transportiert wird, sind die **Wärmeleitung** und die **Wärmestrahlung**.

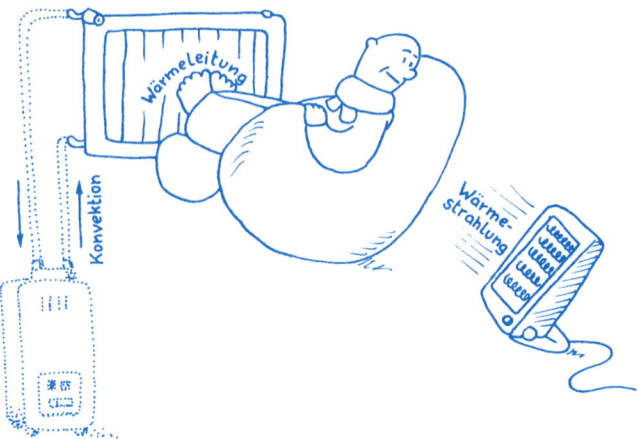

Wärme nimmt unter den Energieformen eine Sonderstellung ein, weil ihre Übertragung nur in einer Richtung erfolgt. Sie geht immer nur vom Körper mit der höheren Temperatur zu dem mit der niedrigeren. Den umgekehrten Fall gibt es nicht, dass beispielsweise die Luft im Zimmer kälter wird und der Kaffee in der Tasse dadurch wärmer.

Die aus Wärme erhaltene innere Energie lässt sich meist nur durch Tricks und auch nicht vollständig in andere Energieformen umwandeln. Im Auto wird nur maximal 40% der Energie des Treibstoffs in Bewegungsenergie des Motors umgesetzt. Dabei ist es erstaunlich, dass der **Wirkungsgrad**, also das Verhältnis von Nutzenergie zu hineingesteckter Energie, so hoch ist: Die Energieübertragung erfolgt ja durch den Druck auf die beweglichen Teile des Motors, das heißt durch die Stöße der Gasteilchen. Von denen stoßen auch viele gegen die unbeweglichen Wände des Motors und tragen so nichts zum gewünschten Prozess bei.

Der Wirkungsgrad von Maschinen, die nicht mit Wärme arbeiten, ist wesentlich höher, bei Elektromotoren liegt er bei etwa 80%. Eine hundertprozentige Umwandlung wird man aber nie erreichen. Auch wenn man die Reibung bei den bewegten Teilen des Motors sehr gering gestalten kann, ganz ausschalten lässt sie sich nicht. So wird durch die dabei entstehende Wärme bei jeder Energieübertragung ein Teil in **nicht wieder zurückzugewinnende innere Energie** abgezweigt.

Da sich bei jedem solchen Vorgang der Anteil der nicht mehr frei verfügbaren Energie vergrößert, kann man sich ausmalen, dass in – einer allerdings sehr weit entfernten Zukunft – sämtliche Energie in Teilchenbewegungsenergie umgewandelt ist. Es gäbe dann keinerlei Veränderungen und Energieübertragungen mehr. Diesen Zustand nennen Physiker „Wärmetod der Welt".

Wird einem Gegenstand **Wärme zugeführt,** so erhöht sich seine innere Energie. Die Folge kann eine Temperaturerhöhung oder eine Änderung des Aggregatzustandes sein.

In einem **abgeschlossenen Gasvolumen** ändern sich mit der Änderung einer der Größen Druck, Volumen oder Temperatur die anderen beiden so, dass der Ausdruck $\dfrac{p \cdot V}{T}$ konstant bleibt.

Die **Wärmeübertragung** geschieht durch Konvektion, Wärmeleitung oder Wärmestrahlung, und zwar immer nur vom Gegenstand mit der höheren zu dem mit der niedrigeren Temperatur.

Unter **Wirkungsgrad** versteht man den Prozentsatz der eingesetzten Energie, der sich in die gewünschte Form umwandeln lässt.

Elektrisierende Erkenntnisse

Elektrostatik
Ganz schön geladen

Atome und elektrische Felder

dpa-Meldung: Benzindieb explodiert! Der Zorn über die explodierenden Benzinpreise verleitete Otto N. (Name von der Redaktion geändert), ein paar Eimer gestohlenes Benzin in seinen Autotank zu füllen. Dabei ist das Benzin explodiert. Otto N. kam schwerverletzt ins Krankenhaus, das Auto hat nur noch Schrottwert.

Bei der Tankstelle wird die gefährliche elektrische Aufladung mit möglicher Funkenbildung dadurch „entschärft", dass die Ladung im leitfähigen Material des Tankschlauchs abfließen kann.

Beim Herausfließen des Benzins laden
sich Eimer und Benzin unterschiedlich auf.
Beim anschließenden Ladungsausgleich
wird sich ein Funke bilden und...

Um solche Ladungsvorgänge zu verstehen, entwickelten die Physiker Vorstellungen über den Aufbau der **Atome**. Da man auf diese Strukturen nur über das Verhalten der Atome schließen kann, wurden diese Atommodelle immer wieder den fortschreitenden Erkenntnissen angepasst, vom einfachen Modell des unteilbaren Bausteins (griech. atomos) bis zu einem nur mit den Mitteln der Wahrscheinlichkeitsrechnung zu beschreibenden Konstrukt. Für unsere Zwecke ausreichend ist zunächst das Bohr'sche Modell (nach Niels Bohr, 1855-1926). Das Atom besteht danach aus einem positiven Atomkern, um den negative Elektronen kreisen. „Positiv" und „negativ" sind dabei nur Worte, die ausdrücken sollen, dass Kern und Elektronen in einer bestimmten Eigenschaft, die wir „Ladung" nennen, gegensätzliches Verhalten zeigen – wie Yin und Yang. Diese Eigenschaft zeigt sich daran, dass zwischen positiven und negativen Ladungen eine Anziehungskraft wirkt, zwischen gleichen Ladungen dagegen immer eine abstoßende Kraft. Im Normalfall ergänzen sich Kern und Elektronen so, dass die Ladungseigenschaft nach außen nicht in Erscheinung tritt. Die Atome wirken „elektrisch neutral".

Die Atome der verschiedenen Materialien unterscheiden sich durch ihre Elektronenzahl, beispielsweise hat Sauerstoff 8, Kohlenstoff 6 und Blei 82 Elektronen und entsprechend viele positive Ladungen im Kern

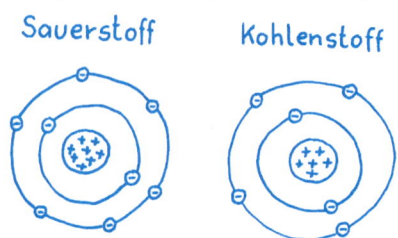

In manchen Stoffen können sich die Elektronen frei bewegen, diese Stoffe nennen wir **elektrische Leiter**. In anderen Materialien bewegen sich die Elektronen nur in der Umgebung ihres Kerns, diese Stoffe bezeichnen wir als **Isolatoren**.

Möglichkeiten elektrischer Besitzstandswahrung:

„Splendid isolation"

„Unser Leitmotiv: Nehmen und Weitergeben"

Bringt man Isolatoren aus unterschiedlichem Material miteinander in Berührung, so kommt es bei bestimmten Kombinationen vor, dass das eine Material vom anderen ein paar Elektronen „klaut". Das fällt aber erst auf, wenn man die beiden Materialien schnell wieder voneinander trennt. Das Material, das nun mehr Elektronen hat, als ihm zusteht, ist jetzt nicht mehr neutral, sondern negativ geladen, das andere ist positiv. Diese Ladungstrennung entdeckte man bei der Reibung zwischen unterschiedlichen Materialien. Entsprechend nannte man diesen Vorgang „Reibungselektrizität". Zur Ladungstrennung genügt aber schon der enge Kontakt zwischen zwei Stoffen, heute spricht man von **Berührelektrizität**.

Im Alltag tritt Berührelektrizität zum Beispiel als Knistern und Funkensprühen beim Ausziehen von Wollpullovern auf; auch bei den Autoreifen auf der Straße findet durch das Rollen ein ständiges Aufeinanderfolgen von Kontakt und Trennung statt. Aber auch da sorgen leitfähige Partikel im Reifengummi für den aus Sicherheitsgründen nötigen Ladungsausgleich.

Elektrische Felder und Feldkräfte

Bei der Ladungstrennung wird mechanische Energie in elektrische Energie umgewandelt. Man muss ja entlang einer Wegstrecke Kraft aufwenden, um die Anziehungskraft zwischen den positiven und negativen Ladungen zu überwinden und sie voneinander zu trennen. Sie erinnern sich:

Kraft mal Weg = Arbeit = Energie

Wenn zwei unter Arbeitsaufwand getrennte Ladungen sich selbst überlassen werden, sorgt die gespeicherte Energie dafür, dass sie sich wieder auf einander zu bewegen. Die elektrische Energie wird also für die Beschleunigungsarbeit gebraucht und in Bewegungsenergie umgewandelt. Die Kraft zwischen zwei Ladungen Q_1 und Q_2 darf man sich aber nicht wie die bei einer gespannten Feder vorstellen. Sie nimmt nämlich nicht mit der Entfernung (wie bei der Federausdehnung) zu, sondern mit dem Quadrat ihrer Entfernung r ab:

Erinnert stark an die Gravitationsformel!

$$F = k \cdot \frac{Q_1 \cdot Q_2}{r^2}$$

$$\text{wobei} \quad k \approx 9 \cdot 10^9 \frac{Nm^2}{C^2} \text{ ist}$$

Diese Kraft heißt Coulomb-Kraft, nach Charles Augustin de Coulomb, der diese Gesetzmäßigkeit 1785 entdeckte. Die Kraft zwischen den beiden Ladungen ist umso größer, je größer die Ladungen sind, aber umso kleiner, je größer der Abstand r zwischen ihnen ist. k ist der Proportionalitätsfaktor, der dazu dient, Ladungs- und Längeneinheiten in die Krafteinheit umzuwandeln.

$$k = 9 \cdot 10^9 \, \frac{N \cdot m^2}{C^2}$$

Da der Abstand r im Nenner zum Quadrat steht, nimmt die Kraft zwischen den beiden Ladungen sehr schnell ab. Deshalb kann man die beiden Ladungen praktisch ganz voneinander trennen und damit **einzelne** positive oder negative **Ladungen** erzeugen. (Bei Magnetpolen geht das nicht, die gibt es immer nur paarweise!) „Einzeln" heißt hier aber meistens nicht, dass es sich nur um ein einziges Elektron handelt, die Ladung eines Gegenstands besteht eigentlich immer aus sehr vielen Elektronen bzw. positiven Ladungen. „Einzeln" heißt, dass in unmittelbarer Nachbarschaft keine anderen Ladungen in Erscheinung treten.

Nach Coulomb ist auch die Maßeinheit für elektrische Ladung benannt: 1 Coulomb ist die Ladung von $1{,}6 \cdot 10^{19}$ Elektronen. (Die seltsame Zahl rührt daher, dass die Ladungseinheit an die Stromstärkeeinheit Ampere – siehe nächstes Kapitel – angepasst wurde.) So viele Elektronen sind beispielsweise in 20 Millionstel Gramm Kupfer ($2 \cdot 10^{-5}$ g) enthalten. Die Ladung eines einzelnen Elektrons nennt man **Elementarladung e**, sie hat den Wert $e \approx 1{,}6 \cdot 10^{-19}$ C. Die Ladungen des Elektrons und seines Gegenstücks, des Positrons, mit gleich großer, aber positiver Ladung, sind die kleinsten Ladungen, die es gibt. Alle Ladungen sind Vielfache dieser Elementarladungen.

Das elektrische Feld einer Ladung

Solche einzelnen Ladungen haben nun die bemerkenswerte Eigenschaft, den Raum um sich herum mit so etwas Ähnlichem wie Partnersuchanzeigen zu füllen und mögliche Partner, die in diesen Raum gelangen, mit der Coulomb-Kraft zu sich **heranzuziehen**. Nicht passende Partner (gleichnamige Ladungen) werden dagegen mit der Coulomb-Kraft **abgestoßen**.

Diesen Einflussbereich um eine Ladung herum nennt man **elektrisches Feld**. Um das dort mögliche Geschehen deutlich zu machen, zeichnet man die Linien ein, auf denen sich eine zweite Ladung im Feld der ursprünglichen Ladung bewegen würde. Die zweite, man nennt sie auch oft Probeladung q, hat natürlich auch ein eigenes Feld um sich herum. Damit das Ganze jedoch nicht zu unübersichtlich wird, stellt man sich die **Probeladung** so klein vor, dass ihr Feld nicht berücksichtigt werden muss.

Die Struktur des Feldes um eine einzelne Ladung wird durch Strahlen dargestellt, die vom Zentrum ausgehen. Um nun noch genauer unterscheiden zu können, gibt man den **Feldlinien** zusätzlich eine **Richtung**, und zwar die, in die sich eine positive Probeladung bewegen würde. Damit sehen die Felder um eine positive und um eine negative Ladung so aus:

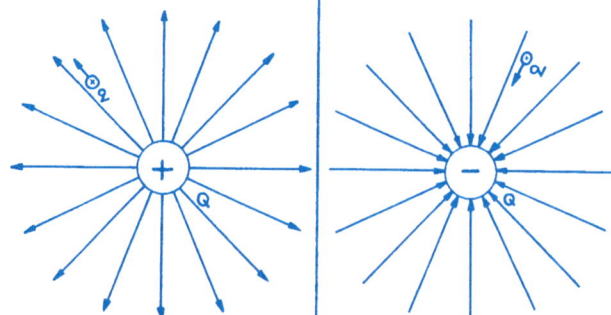

An den Feldlinien kann man außer der Richtung noch etwas anderes sehen: Die **Dichte** der in den einzelnen Bereichen des Feldes gezeichneten Linien kann als Veranschaulichung für die **Größe der Kraft** dienen, die dort auf die Probeladung wirkt.

Außer diesem einfachsten Feld gibt es auch noch einige andere, die wichtig sind:

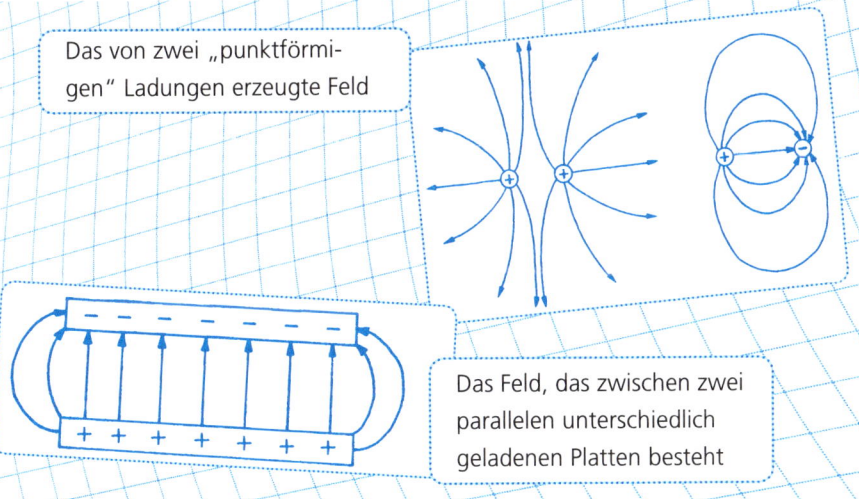

Das von zwei „punktförmigen" Ladungen erzeugte Feld

Das Feld, das zwischen zwei parallelen unterschiedlich geladenen Platten besteht

Zwischen den Platten verlaufen die Feldlinien parallel im gleichen Abstand, das heißt, dass das Feld dort überall gleich stark ist. So ein Feld nennt man **homogen**. Da die Ladungen sich gegenseitig auf die Innenseite der Platten ziehen, ist im Außenbereich praktisch kein Feld vorhanden.

Das homogene elektrische Feld ist in der Praxis immer dann interessant, wenn damit auf eine Ladung eine Kraft wirken soll, deren Größe stets gleich sein soll, unabhängig davon, an welcher Stelle im Feld sich die Ladung gerade befindet. Ein Beispiel dafür ist die Braunsche Röhre:

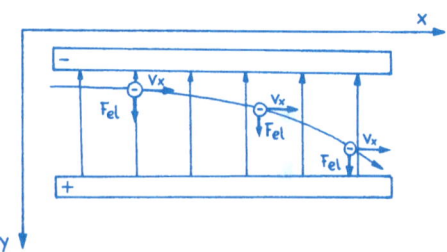

Dort werden Elektronen durch ein homogenes Feld geschossen und das Feld lenkt sie aus ihrer Bahn ab.

Das ist das gleiche Prinzip, das wir schon beim „waagerechten Wurf" besprochen haben (siehe Seite 75): Die Elektronenflugbahn wird zu einer Parabel. Die **Braunsche Röhre** benutzt man beispielsweise, um die Geschwindigkeit von Elektronen zu bestimmen: Wenn man die Stärke des Feldes kennt, kann man sie aus der gemessenen Ablenkung bestimmen.

Wichtig beim Zeichnen der Feldlinien ist, dass sie sich nicht kreuzen oder von einem Punkt ausgehen. Das würde ja bedeuten, dass eine Probeladung „die Wahl" zwischen zwei Richtungen hätte, und das kommt in der Natur nicht vor.

> **Merkregeln für elektrische Feldlinien:**
>
> keine Verzweigungen
>
> von + nach –
>
> senkrecht auf leitenden Flächen

Nun hängt die Kraft, mit der das Feld an einer Probeladung zieht, auch von der Größe der Probeladung ab. Wenn man anhand der Kraft die Stärke des Feldes beschreiben will, aber nicht immer dazusagen will, wie groß die gerade benutzte Probeladung ist, benutzt man die „Einheitsladung" 1 C. Weil man die aber meistens nicht zur Verfügung hat, teilt man die Kraft F durch die Probeladung q und nennt diesen Quotienten die **elektrische Feldstärke E**:

$$\frac{F}{q} = E$$

Die elektrische Feldstärke ist also so etwas wie die Kraft auf eine Einheitsladung (nur „so etwas wie", weil „Kraft" und „Kraft pro Ladung" eine andere Maßeinheit haben!). Mit Hilfe der Feldstärke kann man elektrische Felder unabhängig von der jeweils benutzten Probeladung q miteinander vergleichen, entsprechend dem Preisvergleich „pro 100g" im Supermarkt.

So etwas wie die Preisauszeichnung im Supermarkt: „Preis pro 100 Gramm"!

Elektrische Felder haben eine merkwürdige Eigenschaft: Unmittelbar nach ihrer Entstehung breiten sie sich mit Lichtgeschwindigkeit in den gesamten Kosmos aus! Das heißt, jedes Mal, wenn z.B. durch Reibungselektrizität Ladungen getrennt werden, wird das entstehende Feld nach allen Richtungen ausgesendet. Allerdings nimmt die Feldstärke gemäß dem Coulomb-Gesetz mit dem Quadrat des Abstands ab, so dass der konkrete Einflussbereich eines solchen Feldes doch meist sehr eng begrenzt ist.

Energie, Potenzial und Spannung

Wenn dieses Feld eine Kraft ausüben und damit eine Probeladung bewegen kann, dann muss es Energie besitzen, und zwar an jeder Stelle seines Bereichs. Um diese Energie zu erfassen, berechnet man die Arbeit W_P, die nötig ist, um eine Probeladung q von einem Bezugspunkt aus an eine bestimmte Stelle P des Feldes zu bringen. Als Bezugspunkt nimmt man meist eine Stelle „im Unendlichen", wo also die Feldstärke praktisch null ist. Man kann auch einen beliebigen Punkt auf „der Erde" nehmen, weil „geerdet" ebenfalls „ungeladen" bedeutet.

Um wieder von der Probeladung unabhängig zu sein, teilt man W durch q und nennt das Ergebnis **Potenzial** $\varphi(P)$ an der Stelle P:

$$\frac{W}{q} = \varphi(P)$$

Die Einheit ist $\frac{J}{C}$ mit der Abkürzung Volt.

(Auch das Potenzial $\varphi(P)$ können wir uns als „so etwas wie" die pro Einheitsladung zur Verfügung stehende Energie des Feldes an der Stelle P vorstellen.)

Jede Stelle des Feldes hat also ein bestimmtes Potenzial; verbindet man Stellen gleichen Potenzials miteinander, erhält man die sogenannten **Äquipotenziallinien** – vergleichbar mit den Höhenlinien auf einer Landkarte. Je dichter sie an ihrer „Mutterladung" sind, desto größer ist auf ihnen das Potenzial.

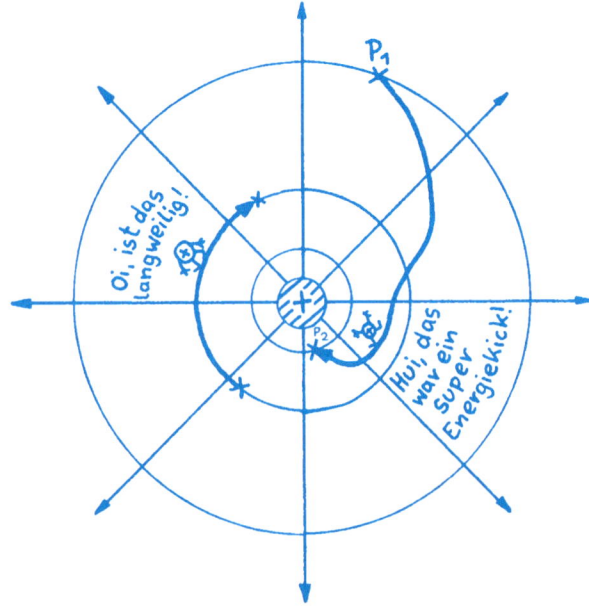

Bewegt man eine Probeladung auf einer Äquipotenziallinie, so verändert sich die Energie der Probeladung nicht, man muss also keine Arbeit verrichten. Das ist genauso, wie es keine Arbeit im physikalischen Sinne ist, einen Rucksack waagerecht zu tragen, weil es keinen Energiegewinn bringt.

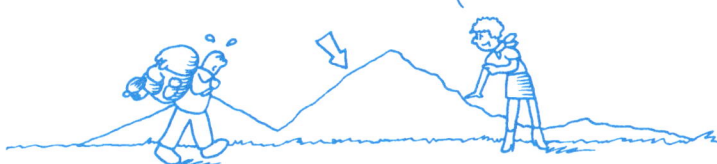

Nun verausgabe ich mich
hier total und Sie sagen:
keine Arbeit - kein Lohn!

Sie sind ja auch immer im gleichen
Gravitationspotenzial geblieben,
schauen Sie mal auf den Bergsteiger
aus dem Energiekapitel!

Bewegt man aber eine Ladung von einem Punkt P_1 einer Potenziallinie zu einem Punkt P_2 einer Linie mit höherem Potenzial, so muss dazu Arbeit verrichtet werden und die Energie der Probeladung wird größer. Das ist genauso, wie die Lageenergie des Bergsteigers und auch die des Rucksacks größer wird, wenn man mit dem Rucksack den Berg hinaufsteigt. Diese dazugekommene Energie pro Einheitsladung ist die **Potenzialdifferenz**, der man den Namen **Spannung** U gegeben hat:

> Potenzial 1 minus Potenzial 2 = Spannung
> $$\varphi(P_1) - \varphi(P_2) = U$$
> Die Maßeinheit für elektrische Potenziale und Spannungen ist Volt (V).

Aufgabe 7: Potenzial

Die Spannung ist immer eine Spannung zwischen zwei Punkten: Wenn man im Alltag von der „Netzspannung 230 V" spricht, dann meint man, dass zwischen den beiden Polen der Steckdose 230 V anliegen. Beim Transport der Ladung 1 Coulomb von einem Pol zum andern werden 230 Joule frei. Diese Energie wird in den angeschlossenen elektrischen Geräten in unterschiedliche andere Energieformen verwandelt, letztlich in Wärme. Bei einem Kurzschluss geschieht das „schlagartig".

Innen und Außen – Steuern und Laden

Wozu braucht man elektrische Felder?

Ladungen, die sich in einem elektrischen Feld bewegen, kann man steuern: Ein Beispiel dafür ist die vorhin besprochene Braunsche Röhre, bei der man aus der Ablenkung die Elektronengeschwindigkeit berechnen kann. Man kann aber auch die Elektronen in einer vorherbestimmten Weise ablenken. Dazu muss man nur die Spannung (und damit die Feldstärke) passend wählen. Dieses Prinzip kommt beim **Oszilloskop** zum Einsatz. Dort wird ein Elektronenstrahl auf einen „Bildschirm" gelenkt. An der Stelle, an der die Elektronen auftreffen, entsteht auf dem Bildschirm ein kleiner Leuchtfleck.

Nun schickt man die Elektronen erst durch das Feld eines Plattenpaars, das mit kontinuierlich ansteigender Spannung versorgt wird. So wandert der Elektronenstrahl-Auftreffpunkt waagerecht (horizontal) über den Bildschirm von H_1 nach H_2.

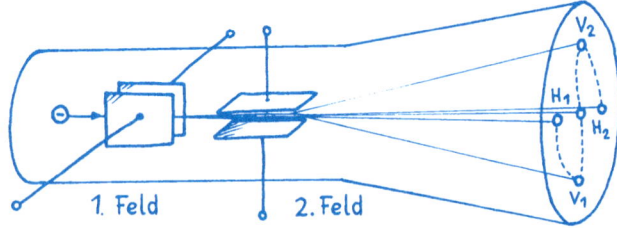

Während dieser „Wanderung" setzt man nun ein zweites Feld ein, das an die **zu untersuchende Spannung** angeschlossen ist; es muss senkrecht zu dem ersten sein. Wenn sich die zu untersuchende Spannung während der Zeit ändert, in der der Leuchtpunkt waagerecht wandert, wird also das zweite Feld stärker oder schwächer und der Leuchtpunkt wandert weiter oben oder weiter unten über den Bildschirm (Vertikalablenkung, V_1 bzw V_2). Damit kann man die zeitlichen Veränderungen einer Spannung sichtbar machen, beispielsweise bei Wechselspannung oder bei Schwingungen.

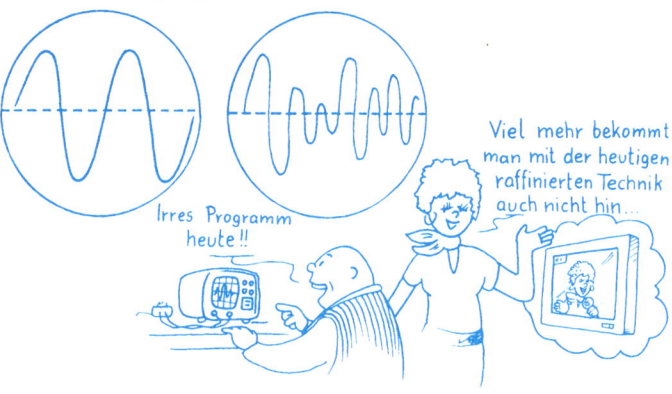

Bei anderen Anwendungen ist aber gar nicht das Innere des Feldes das eigentlich Interessante, sondern die Ladungen, die es erzeugen, zum Beispiel bei einem wichtigen Baustein der Elektrotechnik, dem **Kondensator**. Er besteht im Prinzip aus zwei parallelen entgegengesetzt aufladbaren Metallplatten, zwischen denen sich ein elektrisches Feld bildet, wie das im Bild auf *Seite 111* gezeichnet ist. Wie wir gesehen haben, ist der Feldbereich auf den Raum zwischen den Platten begrenzt. Die Energie eines aufgeladenen Kondensators lässt sich leicht aus der Aufladearbeit berechnen, wenn man berücksichtigt, dass sich die Spannung mit der aufgebrachten Ladungsmenge erhöht:

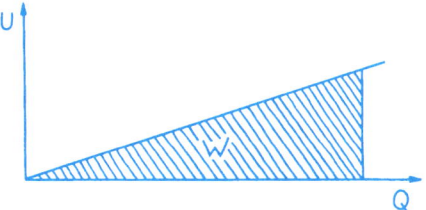

Auch hier entspricht wieder die Energie als Produkt von Spannung und Ladung der schraffierten Fläche und wir erhalten für die **Energie des geladenen Kondensators**

$$W = \frac{1}{2} U \cdot Q$$

Das Verhältnis von Ladung zu Energie pro Ladung hat für jeden Kondensator einen charakteristischen Wert (vergleichbar z.B. mit der Federkonstante oder der spezifischen Wärmekapazität). Diesen charakteristischen Quotienten von Ladung und Spannung nennt man Kapazität C:

> ## Kapazität = Ladung durch Spannung
>
> $$C = \frac{Q}{U}$$
>
> ## Die Maßeinheit heißt Farad (F) als
> ## Abkürzung für $\frac{Coulomb}{Volt}$

Die Kapazität ist wieder einmal „so etwas wie" das Fassungsvermögen des Kondensators, aber wegen des Bezugs „pro Spannungseinheit" eben nur „so etwas wie": Je mehr Ladungen bei einer bestimmten Spannung auf den Kondensator passen, desto größer ist seine Kapazität.

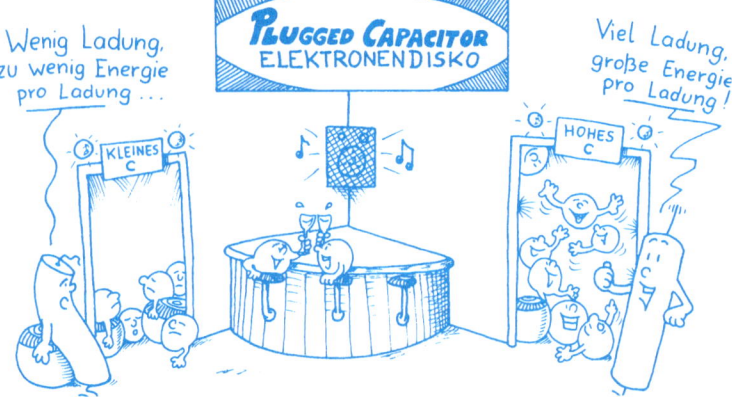

Die Kapazität hängt von den Abmessungen des Kondensators ab:

Je größer die Plattenflächen A des Kondensators sind, desto größer ist seine Kapazität. Mit dem Abstand d der Platten verhält es sich umgekehrt, die Kapazität ist umso größer, je kleiner d ist. Damit ist die Kapazität proportional zur Plattengröße und umgekehrt proportional zum Plattenabstand, es gilt also

$$C = \varepsilon_0 \cdot \frac{A}{d}$$

ε_0 ist ein Umrechnungsfaktor, der in der Elektrizitätslehre häufiger auftaucht, wenn elektrische Maßeinheiten mit anderen Maßeinheiten verglichen werden.

Kondensatoren werden benutzt, um **Ladungen zu speichern**; will man bei einer bestimmten Spannung viel Ladung speichern, dann muss man große Platten nehmen und einen kleinen Plattenabstand. Zu klein darf dieser aber nicht sein, sonst werden die Anziehungskräfte zwischen den gegenüberliegenden Ladungen so groß, dass es zum Funkenüberschlag kommen kann. Da behilft man sich mit einem Trick: Man bringt zwischen die Platten ein Isoliermaterial. In diesem Material gibt es keine frei beweglichen Ladungen, aber durch die Coulomb-Kräfte der Ladungen auf den Platten werden die Ladungen der Atome des Isoliermaterials so ausgerichtet, dass sich im gesamten Bereich des Isoliermaterials „Dipole" mit positiven und negativen Seiten bilden. Man nennt das **Influenz**.

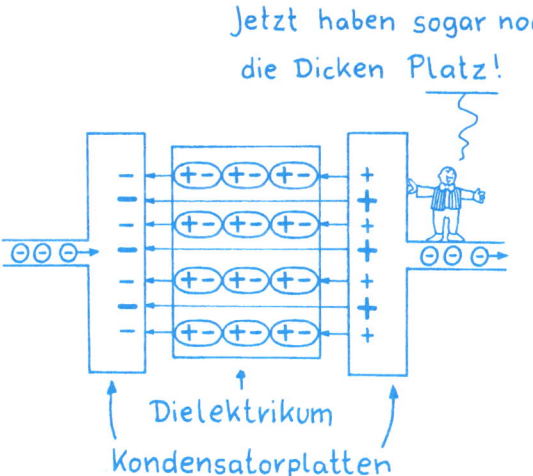

Jetzt haben sogar noch die Dicken Platz!

Dielektrikum
Kondensatorplatten

Dadurch werden aber wiederum die Ladungen der Kondensatorplatten so an die entsprechenden Pole der Dipole gebunden, dass sie keine Kraft mehr übrig haben, um Ladungen abzustoßen, die nun noch zusätzlich auf die Platten gebracht werden.

Es können also bei gleicher Spannung viel mehr Ladungen auf die Platten gebracht werden als ohne Isoliermaterial. Um wie viel mehr, drückt man durch einen Faktor ε_r aus; ε_r ist eine Materialkonstante und heißt (wegen der durch Influenz gebildeten Dipole) Dielektrizitätszahl. Das Isoliermaterial nennt man entsprechend **Dielektrikum**.

Insgesamt ergibt sich also für die Kapazität eines Plattenkondensators

$$C = \frac{Q}{U} = \varepsilon_r \cdot \varepsilon_0 \cdot \frac{A}{d}$$

Die **elektrische Feldkonstante** ε_0 dient zur Umrechnung von „Ladung durch Spannung" in „Fläche durch Länge", den Zahlenwert erhält man durch Messungen:

$$\varepsilon_0 \approx 8,85 \cdot 10^{-12} \, \frac{C}{v \cdot m}$$

Aufgabe 8: Elektrostatischer Filter

Die Platten müssen aus **leitfähigem Material** bestehen, ansonsten haben Material und Plattendicke keinen Einfluss auf die Kapazität. Deshalb kann man in der Praxis statt der Platten dünnste Metallfolien benutzen und sie mitsamt dem Dielektrikum möglichst klein zusammenfalten, damit sie in vielen Bereichen einsetzbar sind, in denen Ladung gespeichert werden soll: bei Radios, bei Blitzgeräten, …

Mit der Kenntnis des Kondensators kann man nun auch die Entstehung von Gewitter und Blitz verstehen, denn Gewitterwolken sind ein kondensatorähnliches, also Ladung speicherndes Gebilde. Wegen der Turbulenzen in den Wolken entstehen durch Kontaktelektrizität unterschiedlich geladene Bereiche. Dadurch kann sich zwischen negativ geladenen Wolkenteilen und dem neutralen Erdboden ein starkes elektrisches Feld aufbauen.

Wenn das Feld so stark ist, dass das „Dielektrikum" Luft nicht mehr isolieren kann, kommt es zum Ladungsausgleich, den wir als Blitz sehen. Im Mittel treten dabei Spannungen von 10^9 Volt auf und Stromstärken bis zu 200000 Ampere – allerdings nur in der sehr kurzen Zeit von ca. 10^{-4} Sekunden. Die dabei auftretende Energie liegt in der Größenordnung von $2 \cdot 10^9$ J, das entspricht etwa dem halben Tagesbedarf eines Menschen in den Industriegesellschaften. Leider können wir diese Blitzenergien noch nicht für unseren Tagesbedarf nutzen, da sie zu unregelmäßig und unberechenbar auftreten. Es gibt allerdings Gegenden auf der Welt, in denen die Blitzhäufigkeit so groß ist, dass dort schon Untersuchungen über die Möglichkeiten der Nutzung durchgeführt werden.

Der Raum um elektrische Ladungen, in dem sie auf eine andere elektrische Ladung q eine Kraft F ausüben, heißt elektrisches Feld. Durch die Bildung des Quotienten erhält man einen von der jeweiligen Ladung unabhängigen Wert, die **elektrische Feldstärke**

$$E = \frac{F}{q}$$

Das **Potenzial** beschreibt für jede Stelle des Feldes die dort pro Einheitsladung verfügbare Energie:

$$\varphi = \frac{W}{q}$$

Die **Spannung** U zwischen zwei Punkten P_1 und P_2 eines Feldes ist die Potentialdifferenz zwischen diesen Punkten, also die Arbeit, die aufzubringen wäre, um eine Einheitsladung von P_2 nach P_1 zu bringen:

$$U = \varphi(P_1) - \varphi(P_2)$$

Ein **Kondensator** ist ein Gerät zum Speichern von Ladungen Q. Seine Speicherfähigkeit heißt **Kapazität**:

$$C = \frac{Q}{U}.$$

Besteht der Kondensator aus zwei Metallplatten, so ist C abhängig von der Plattenfläche A, ihrem Abstand d voneinander und einer für das Material zwischen den Platten charakteristischen Größe ε_r:

$$C = \frac{Q}{U} = \varepsilon_r \cdot \varepsilon_0 \cdot \frac{A}{d}$$

Gleichstromkreise

Im Widerstand vereint

einfache Stromkreise   Stromstärke   Reihen und Parallelschaltung

Die Energiequellen

So ein Blitz ist für den Alltagsgebrauch nicht so praktisch. Zum Glück entdeckte **Alessandro Volta** 1799 eine Möglichkeit, ein Elektronenreservoir anzulegen, das es erlaubt, Elektronen zuverlässig und gleichmäßig über einen längeren Zeitraum durch einen Leiter fließen zu lassen: die Batterie.

Wenn ich die beiden Pole verbinde, dann fließt Strom.

Die **Batterie**, die Napoleon von Volta vorgeführt wurde, sah anders aus, als das, was wir heute als kleine transportable Energiequelle benutzen. Das Grundprinzip ist aber bis heute gleich geblieben: In einem Gefäß befinden sich zwei verschiedene Metalle, dazwischen ist Säure oder ein mit Säure getränkter Stoff. Mit der Säure reagieren die Metalle in unterschiedlicher Weise, so dass das eine nachher einen Überschuss und das andere einen Mangel an Elektronen aufweist. Werden die beiden Metalle nun leitend verbunden, fließen die Elektronen zum Ausgleich durch den Leiter auf das positiv geladene Metall.

Unbegrenzt lange geht das zwar nicht, denn nach einiger Zeit ist mindestens eines der Metalle von der Säure zersetzt. Bei geeignet gewählten Materialien kann man im Prinzip diese Vorgänge mit Stromfluss in umgekehrter Richtung wieder rückgängig machen. Eine solche Batterie bezeichnet man als wiederaufladbaren **Akku**. Moderne Batterien sind durch die Auswahl unterschiedlicher Materialien für unterschiedliche Anwendungen optimiert, z.B. für lange Lebensdauer oder hohen Stromfluss. Heutzutage haben wir auch noch andere Möglichkeiten der Stromversorgung, z.B. **Solarzellen**. Dabei wird die Sonnenenergie so auf die Elektronen von bestimmten Materialien übertragen, dass sie ihre Atome verlassen und durch eine Leitung fließen können. In einem geschlossenen Stromkreis funktioniert das so lange, wie die Solarzelle beleuchtet wird.

Jetzt kann der Strom fließen

Mithilfe von Batterie, Akku oder Solarzelle bewegen sich die Elektronen in der Leitung immer in eine Richtung: vom −Pol zum +Pol. Wir erhalten somit Gleichstrom. Der Stromkreis muss geschlossen sein, das heißt, es muss eine leitende Verbindung vom −Pol zum +Pol bestehen. Damit wird die Stromquelle permanent „nachgefüllt".

Im PKW sorgen Akkus dafür, dass der Motor angelassen werden kann und dass Standlicht, Radio und Bordinstrumente funktionieren, wenn die Lichtmaschine durch den Motor noch gar nicht angetrieben wird. Dabei gibt man die Anzahl der zur Verfügung stehenden Ladungen in „Ah" an, das heißt in „**Amperestunden**". Ampere ist die Einheit der Stromstärke – ein Maß dafür, wie viel Ladung in einer Sekunde an einer „Elektronen-Zählstelle" vorbeigekommen ist.

Ich habe 1 Sekunde lang den Strom 1 Ampere gemessen.

Dann brauche ich ja nicht zu zählen, dann waren es sicher hier an meiner Zählstelle 1 Coulomb also $1{,}6 \cdot 10^{19}$ Elektronen.

$$\text{Stromstärke} = \frac{\text{Ladung}}{\text{Zeit}}$$

$$I = \frac{Q}{t}$$

Die Maßeinheit ist Ampere

Ampere ist eine Basiseinheit, deshalb ist die im letzten Kapitel besprochene Ladungseinheit Coulomb aus Ampere abgeleitet:

1 Coulomb = 1 Ampere mal 1 Sekunde

Da im täglichen Leben Strom meistens nicht nur einige Sekunden lang fließen soll, benutzt man stattdessen oft die Einheit Amperestunden. Steht auf einem Akku z.B. „12 Ah", dann bedeutet das: Der Akku kann 12 Stunden lang 1 A oder 24 Stunden lang 0,5 A oder 3 Stunden lang 4 A liefern – theoretisch!

Gegen alle Widerstände

Die Stärke eines Stroms hängt von mehreren Einflüssen ab. Der erste ist die Energiedifferenz, also die Spannung zwischen den beiden Polen.

Außerdem hängt die Stromstärke von der Durchlässigkeit des Leiters ab. In der Elektrizität bedeutet Durchlässigkeit „**Leitfähigkeit**". Je mehr Ladungen pro Sekunde bei einer bestimmten Spannung (beispielsweise 1 V) durch einen Leiter fließen, desto größer ist seine Durchlässigkeit, d.h. seine Leitfähigkeit. Deshalb definiert man Leitfähigkeit als das Verhältnis von Stromstärke zu Spannung. Gebräuchlicher, wenn auch nicht immer so anschaulich, ist der Kehrwert der Leitfähigkeit, der sogenannte **elektrische Widerstand**. Das Wort Widerstand wird dabei in doppelter Weise gebraucht: Zum einen bezeichnet es das Bauteil, also z.B. das Stück Draht, zum anderen seine Eigenschaft als Gegensatz zur Leitfähigkeit.

$$\text{Leitfähigkeit} = \frac{\text{Stromstärke}}{\text{Spannung}}$$

$$\text{el. Widerstand} = \frac{\text{Spannung}}{\text{Stromstärke}}$$

$$R = \frac{U}{I}$$

$$\text{die Abkürzung für } \frac{\text{Volt}}{\text{Ampere}} \text{ heißt Ohm } (\Omega)$$

Leitfähigkeit und Widerstand eines Leiters hängen von seinen Abmessungen ab. Bei einem breiteren Fluss und einem dickeren Draht ist die Leitfähigkeit größer und der Widerstand geringer als bei einem schmaleren Fluss und einem dünneren Draht.

Der Widerstand hängt zusätzlich noch von der Länge des Leiters ab: Je länger der Draht ist, desto größer ist der Widerstand. Und natürlich spielt es eine Rolle, wie beweglich die fließenden Teilchen sind. Bei den verschiedenen Wasserqualitäten wird man wohl keinen leicht messbaren Unterschied feststellen können, aber bei elektrischen Leitungen muss man das Material durch eine entsprechende Konstante berücksichtigen. Beispielsweise hat ein Draht von 2 mm² Querschnitt und 100 m Länge aus Kupfer einen Widerstand von knapp 1 Ω, bei einem gleichen Draht aus Aluminium sind es dagegen ca. 1,5 Ω. Legt man jeweils eine Spannung von 1 V an die Enden dieser Drähte, so fließt durch den Kupferdraht ein Strom von 1 A, durch den Aluminiumdraht nur ca. 0,7 A. Einen elektrischen Widerstand kann man also entweder aus einer Messung durch das Verhältnis von Spannung zu Stromstärke bestimmen oder durch seine Bauweise aus Länge, Querschnitt und Materialkonstante. Letztere heißt **„spezifischer Widerstand"** und wird üblicherweise mit ρ („rho") abgekürzt.

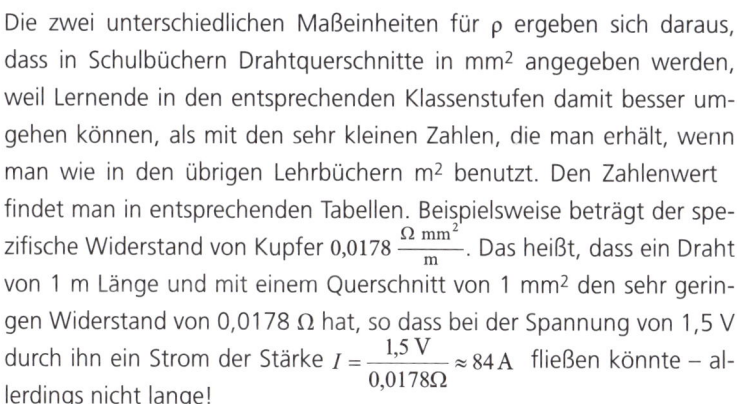

$$\text{elektrischer Widerstand} = \frac{\text{Spannung}}{\text{Stromstärke}}$$

$$= \text{spezifischer Widerstand} \cdot \frac{\text{Länge}}{\text{Querschnitt}}$$

$$R = \frac{U}{I} = \rho \cdot \frac{L}{A}$$

$$\rho \text{ wird angegeben in } \frac{\Omega \cdot \text{mm}^2}{m} \text{ oder in } \Omega \cdot m$$

Die zwei unterschiedlichen Maßeinheiten für ρ ergeben sich daraus, dass in Schulbüchern Drahtquerschnitte in mm^2 angegeben werden, weil Lernende in den entsprechenden Klassenstufen damit besser umgehen können, als mit den sehr kleinen Zahlen, die man erhält, wenn man wie in den übrigen Lehrbüchern m^2 benutzt. Den Zahlenwert findet man in entsprechenden Tabellen. Beispielsweise beträgt der spezifische Widerstand von Kupfer $0{,}0178 \, \frac{\Omega \, \text{mm}^2}{\text{m}}$. Das heißt, dass ein Draht von 1 m Länge und mit einem Querschnitt von 1 mm^2 den sehr geringen Widerstand von 0,0178 Ω hat, so dass bei der Spannung von 1,5 V durch ihn ein Strom der Stärke $I = \frac{1{,}5 \, \text{V}}{0{,}0178 \Omega} \approx 84 \, \text{A}$ fließen könnte – allerdings nicht lange!

Der **elektrische Widerstand** eines Geräts lässt sich also entweder aus Messungen von Spannung und Stromstärke oder aus seiner Bauweise und dem spezifischen Widerstand ermitteln.

Die elektrischen Geräte im Haushalt werden alle an die gleiche Netzspannung 230 V angeschlossen. Durch manche von ihnen soll ein starker Strom fließen. Das sind diejenigen, die Wärme erzeugen: Toaster, Wasserkocher, Bügeleisen usw. Bei anderen reicht ein geringer Stromfluss aus: Nähmaschine, Radio, Nachtlicht usw. Die wärmeerzeugenden Geräte enthalten Leiter mit geringem Widerstand, während die anderen einen großen Widerstand haben. In den Anschlusskabeln soll der Widerstand jedoch immer vernachlässigbar klein sein, damit die Energie nicht bereits auf dem Weg zur eigentlichen „Arbeitsstelle" verschwendet wird. Der Drahtquerschnitt im Haushalt beträgt üblicherweise 1,5 mm², ein Verlängerungskabel von 30 m Länge hat deshalb den Widerstand 0,36 Ω. Diese Kabel sind für einen Strom von 16 A zugelassen: gemäß $U = R \cdot I$ sind etwa 6 V erforderlich, um diesen Strom durch das Kabel zu treiben. Das heißt, liegen an der Steckdose 230 V und fließen 16 A, dann sind am anderen Ende des Kabels für das angeschlossene Gerät nur noch 224 V verfügbar.

Verzweigte Stromkreise

Um zu verstehen, wie die Energie auf unterschiedliche Leiterstücke aufgeteilt wird, muss man zunächst wissen, dass die Stromstärke an jeder Stelle eines unverzweigten Leiters gleich ist. Das gilt auch, wenn der Leiter aus Stücken mit unterschiedlicher Leitfähigkeit zusammengesetzt ist – das ist wie bei einer Verengung oder einer breiteren Stelle im Fluss oder auf der Straße. Zunächst ist es ja verwunderlich, dass an den engen Stellen, an denen der Widerstand groß ist, die **Geschwindigkeit der bewegten Teilchen** größer ist, als an den Stellen mit großem Querschnitt und kleinem Widerstand. An sich ist es ja so, dass sich die Leiterstücke mit dem großen Widerstand dadurch auszeichnen, dass in ihnen der „Elektronendurchsatz" nicht so groß ist, also die Geschwindigkeit klein. Hat man aber zwei unterschiedlich große Widerstände in Reihe geschaltet, muss man beachten, dass bei der Reihenschaltung die Stromstärke überall gleich ist. Also kommen an den Zählstellen A und B immer gleich viele Teilchen pro Zeiteinheit vorbei. Deshalb müssen sich die Teilchen bei B schneller bewegen, damit durch die enge **Zählstelle B** pro Zeiteinheit genauso viele kommen wie durch die breite **Zählstelle A**.

Damit sich aber die Ladungen in dem größeren Widerstand schneller bewegen können, als ihnen eigentlich zusteht, müssen sie mehr Energie bekommen als die anderen im kleineren Widerstand. Die Energie muss sich deshalb so aufteilen, dass der größte Widerstand den größten Teil der Spannung abbekommt und der kleinste den geringsten Teil. Genau wie im wirklichen Leben: Wer am lautesten schreit, bekommt am meisten!

Dies lässt sich wie folgt zusammenfassen: In einer **Reihenschaltung** teilt sich die Spannung entsprechend der Widerstände R_1, R_2, R_3, ... in Teilspannungen U_1, U_2, U_3, ... auf:

$$R_1 : R_2 : R_3 : ... = U_1 : U_2 : U_3 : ...$$

Um in einer entsprechenden elektrischen Schaltung die Gesamtstromstärke berechnen zu können, brauchen wir wegen $I = \dfrac{U}{R}$ einen „**Gesamtwiderstand R**" für die ganze Leitung. Hier hilft am besten zunächst das einfachste Vergleichsmodell, bei dem der Widerstand mit der Länge des Leiters wächst: Da in diesem Beispiel die einzelnen Widerstandsdrähte aneinandergereiht sind (man sagt „in Reihe geschaltet"), könnte man sie mit Drähten vergleichen, die sich nur durch ihre Länge unterscheiden.

Somit ergibt sich

$$R = \rho \cdot \frac{l}{A} = \rho \cdot \frac{1}{A} \cdot (l_1 + l_2 + l_3) = \rho \cdot \frac{l_1}{A} + \rho \cdot \frac{l_2}{A} + \rho \cdot \frac{l_3}{A}$$

$$\boxed{R = R_1 + R_2 + R_3}$$

Der Gesamtwiderstand von in Reihe geschalteten Einzelwiderständen entspricht der Summe der Einzelwiderstände. Bei der Reihenschaltung herrscht im ganzen Stromkreis die gleiche Stromstärke und die Spannung teilt sich entsprechend der Widerstandsgröße auf die Widerstände auf, so dass von der Gesamtspannung U jeder Widerstand einen seiner Größe entsprechenden Teil abbekommt.

Die andere Möglichkeit, mehrere Widerstände in einem Stromkreis zusammenzustellen, ist die Parallelschaltung. Das beste Beispiel dafür ist eine Mehrfachsteckdose im Haushalt, an die mehrere Geräte angeschlossen sind. Wenn wir uns hier wieder bloß einfache Drähte statt eines komplizierten Geräts vorstellen, dann ist es am einfachsten, die Drähte aus dem gleichen Material und alle gleich lang zu wählen, so dass sie sich nur durch ihre Querschnittsfläche unterscheiden.

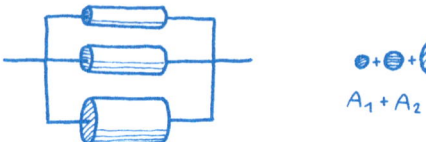

$$A_1 + A_2 + A_3 = A_{ges}$$

Jetzt müssen wir die einzelnen Flächen zu einer Gesamtfläche addieren. Weil aber die Querschnittsfläche A in der Widerstandsformel im Nenner steht, nimmt man zum Addieren besser die Leitfähigkeit, die ja der Kehrwert des Widerstands ist:

$$\frac{1}{R} = L \cdot \frac{1}{\rho} \cdot \frac{A}{l} = \frac{1}{\rho} \cdot \frac{1}{l} \cdot (A_1 + A_2 + A_3) = \frac{1}{\rho} \cdot \frac{A_1}{l} + \frac{1}{\rho} \cdot \frac{A_2}{l} + \frac{1}{\rho} \cdot \frac{A_3}{l} = L_1 + L_2 + L_3$$

$$\frac{1}{R} = \frac{1}{R_1} + \frac{1}{R_2} + \frac{1}{R_3}$$

Bei der Parallelschaltung ist dagegen die Spannung für alle Parallelzweige die gleiche (wie bei den Steckdosen im Haus, die ja auch alle 230 V „haben"). Dafür teilt sich die Stromstärke auf die einzelnen Teile auf und nur in der Zuleitung haben wir die Gesamtstromstärke I. Für den Gesamtwiderstand gilt, dass er immer kleiner wird, je mehr Leitungen parallel geschaltet werden: Ein Ohm und ein Ohm parallel ergeben ein halbes Ohm!

> Aufgabe 9: Widerstände in verzweigten Gleichstromkreisen

Das Ganze noch mal für Kondensatoren

Da wir dies nun so gut geschafft haben, können wir gleich mit der Überlegung für die Reihen- und die Parallelschaltung bei Kondensatoren fortfahren, denn sie ist der bei den Widerständen sehr ähnlich. Allerdings hat die Kapazität eine Funktion, die der eines Widerstands genau entgegengesetzt ist: Je größer sie ist, desto mehr Ladung kann bei sonst gleichen Bedingungen auf den Kondensator fließen, desto größer ist also kurzfristig die Stromstärke. Deshalb werden wir beim Zusammenfügen zweier Kondensatoren genau umgekehrt wie bei den Widerständen den Kehrwert der Kapazität bei der Reihenschaltung und die ursprüngliche Formel bei der Parallelschaltung benutzen. Sehen Sie selbst:

Für die Kapazität C hatten wir

$$C = \frac{Q}{U} = \varepsilon_0 \cdot \varepsilon_r \cdot \frac{A}{d}$$

gefunden (*Seite 111*).

Schaltet man zwei Kondensatoren parallel, dann vergrößert man praktisch ihre Fläche, also ist $A = A_1 + A_2$ und damit

$$C = C_1 + C_2$$

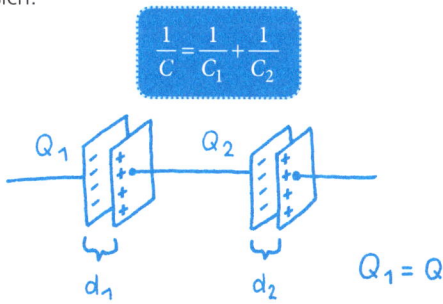

In Reihe geschaltet vergrößert man den Plattenabstand, berechnet also $d = d_1 + d_2$.

Weil d im Nenner steht, entspricht das $\frac{1}{C_1} + \frac{1}{C_2}$

Damit ergibt sich:

$$\frac{1}{C} = \frac{1}{C_1} + \frac{1}{C_2}$$

Das Ganze fassen wir noch mal richtig schön übersichtlich zusammen:

Reihenschaltung	Parallelschaltung
$R = \varrho \cdot \dfrac{l}{A}$	$\dfrac{1}{R} = \dfrac{1}{\varrho} \cdot \dfrac{A}{l}$
$R = R_1 + R_2 + R_3$	$\dfrac{1}{R} = \dfrac{1}{R_1} + \dfrac{1}{R_2} + \dfrac{1}{R_3}$
$I = I_1 = I_2 = I_3$	$I = I_1 + I_2 + I_3$
$U = U_1 + U_2 + U_3$	$U = U_1 = U_2 = U_3$
$Q = Q_1 = Q_2 = Q_3$	$Q = Q_1 + Q_2 + Q_3$
$\dfrac{1}{C} = \dfrac{1}{C_1} + \dfrac{1}{C_2} + \dfrac{1}{C_3}$	$C = C_1 + C_2 + C_3$
$\dfrac{1}{C} = \dfrac{1}{\varepsilon_0 \varepsilon_r} \cdot \dfrac{d}{A}$	$C = \varepsilon_0 \varepsilon_r \cdot \dfrac{A}{d}$

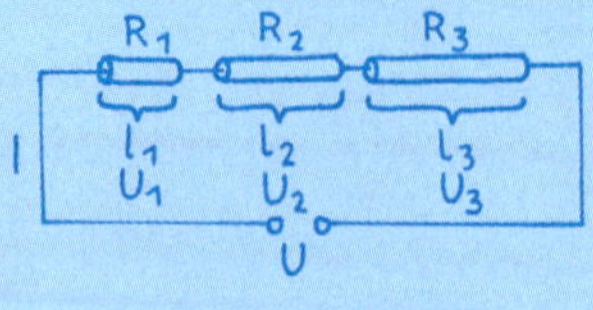

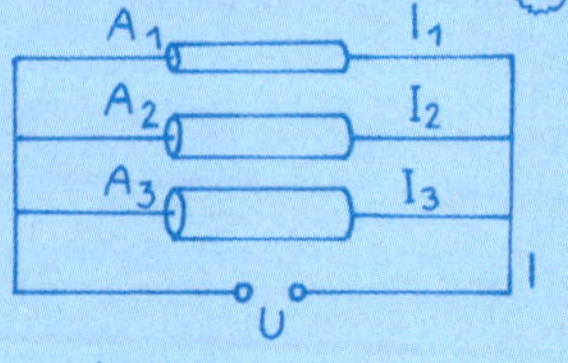

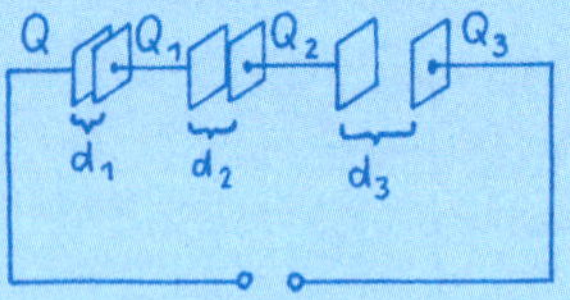

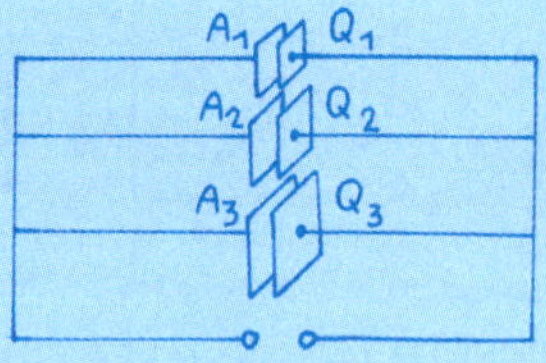

Was ich addieren soll, steht im Nenner!

Halbleiter
Weniger ist manchmal besser

Von Röhre zu iPod — Heißleiter — Transistor

Was sind Halbleiter?

Halbleiter sind die Materialien für „Chips" und für die elektronischen Bausteine in allen modernen Geräten. Am häufigsten werden Silizium (Si) und Germanium (Ge) verwendet. Ihr besonderer Vorteil besteht darin, dass die Bausteine sehr klein konstruiert werden können. Man denke nur an die Entwicklung des Raumbedarfs von Röhrenradios über Transistorradios zu iPods!

Der Name Halbleiter rührt daher, dass sie in ihrer Leitfähigkeit zwischen Leitern und Nichtleitern liegen.

Bei Isolatoren können die Ladungen sich so wie die Fahrzeuge im Stau nicht von ihrem Platz bewegen; bei den Halbleitern gelingt es, durch eine spezielle Energiezufuhr (wie beim Brenner des Heißluftballons) die Ladungen etwas beweglicher zu machen. In elektrischen Leitern dagegen sind die Ladungen ohne zusätzlichen Trick beweglich, so wie auch ein Segelflugzeug keine zusätzliche Energie mehr braucht, wenn es erst einmal oben ist.

Von ihrer Struktur her sind Halbleiter eigentlich Isolatoren. Die Atome eines Stückes Silizium beispielsweise fügen sich ordentlich zu einem **Kristall** zusammen und ihre jeweils 4 äußeren Elektronen sind so eingebunden, dass jeder Atomkern in seiner unmittelbaren Nachbarschaft 8 Elektronen als „soziales Netzwerk" hat, was – wie uns die Chemiker sagen – ein ganz besonders **stabiler Zustand** ist, in dem die Elektronen brav an ihrem Platz bleiben.

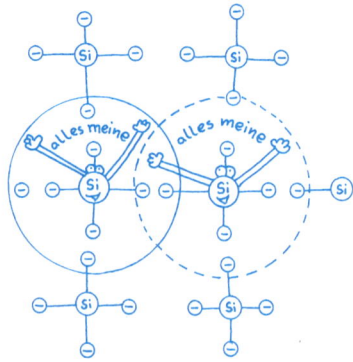

Energiezufuhr wie Wärme oder Licht löst dann einzelne Elektronen aus diesem festen Verbund und macht sie zu freien Elektronen, die sich ähnlich wie in einem Leiter bewegen können, wodurch der Siliziumkristall **schwach leitfähig** wird und umso leitfähiger, je höher die Energiezufuhr ist.

Halbleiter leiten umso besser, je „heißer" sie sind, deshalb nennt man sie auch „**Heißleiter**". Heißleiter benutzt man z.B. als Temperatur-Sensoren in Waschmaschinen, Kühlschränken, Heizungsthermostaten,..

Bei „normalen" Leitern, also z.B. bei Metallen, vergrößert sich dagegen bei Erwärmung der Widerstand. Bei ihnen bewirkt eine solche Energiezufuhr, dass die ohnehin frei beweglichen Elektronen sich so heftig bewegen, dass sie vermehrt zusammenstoßen, was der Leitfähigkeit genau entgegenwirkt.

Die Elektronen, die zur Leitung beitragen, fehlen nun ihren Atomen. Diese „Löcher" können wiederum von Elektronen benachbarter Atome gefüllt werden. Dabei wandern die Löcher in entgegengesetzter Richtung wie die Elektronen durch den Halbleiter.

Die Elektronen- und die Löcherleitung finden auf unterschiedlichen Energieniveaus statt, die man „Bänder" nennt. Die Löcherleitung geschieht in dem niedrigsten, dem Valenzband, die Elektronenleitung erfordert mehr Energie und findet im Leitungsband statt. Oft vergleicht man diese Bänder mit den Etagen eines Parkhauses: eine besetzte untere Etage entspricht dem **Valenzband** in einem Isolator. Nur wenn dort Lücken geschaffen werden, können sich Fahrzeuge bewegen, die Lücken wandern in umgekehrter Richtung wie die Fahrzeuge. Wenn man diese Lücken dadurch schafft, dass man Fahrzeuge beispielsweise durch einen Aufzug direkt in die obere Etage befördert, die dem **Leitungsband** entspricht, dann hat man die Leitfähigkeit sowohl unten, im Valenzband, als auch oben, im Leitungsband.

Noch weiter erhöhen lässt sich die Leitfähigkeit von Halbleitern, indem an einigen Stellen im Kristall Atome eingebaut werden, die ein äußeres Elektron mehr oder eines weniger haben als Silizium. Das Einbringen solcher 5- oder 3-elektronigen Atome nennt man **Dotieren**.

Ein geeignetes 5-elektroniges Atom ist z.B. Arsen (As). Sein „überzähliges" Elektron ist nicht so fest in den Kristall eingebunden wie die anderen und kann somit zur Leitung beitragen. Einen so veränderten Halbleiter nennt man n leitend (n wegen der negativen Ladung des Elektrons).

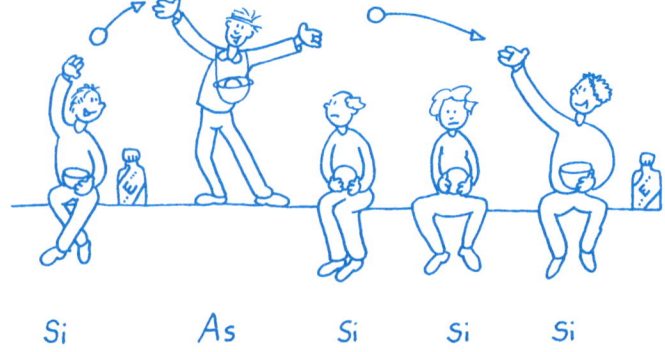

Das Ganze funktioniert auch mit umgekehrtem Vorzeichen: Bringt man ein Atom mit nur 3 Elektronen in den Kristall, Bor (B) ist beispielsweise geeignet, dann wirkt das dort wie eine Fehlstelle. Diese „Löcher" wirken wie positiv geladen, sie können von Elektronen aus der Nachbarschaft aufgefüllt, also neutralisiert werden. Das Loch ist dann zu dem Nachbaratom gewandert, dessen Elektron jetzt das ehemalige Loch ausgefüllt hat. Dieser Vorgang kann sich durch den ganzen Kristall fortsetzen, man spricht dann von einem p-Leiter bzw. von **Löcherleitung**.

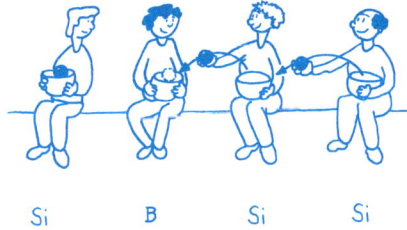

Si   B   Si   Si

Anwendungen

Dioden - zwei gemeinsam sind besser als zwei allein

Dioden bestehen aus zwei aneinander gefügten unterschiedlich dotierten Halbleitern. Dabei entsteht an der Grenze zwischen den beiden eine Schicht, die den Stromfluss durch die Diode beeinflusst: Je nach äußerer Polung leitet die Diode oder sie „sperrt" den Elektronenfluss. Das Schaltzeichen für Dioden soll an einen Trichter erinnern, bei dem die Flüssigkeit nur in einer Richtung durchkommt; leider hat man dabei an Flüssigkeits-Strom gedacht und nicht an Elektronen, die können nämlich nur genau entgegengesetzt durch:

Dioden finden hauptsächlich als Gleichrichter, als Photozellen und als LED Verwendung.

Als **Gleichrichter** braucht man sie z.B. für die modernen elektronischen Geräte, die mit Gleichstrom betrieben werden. Der stammt meist aus Akkus, die über das Wechselstromnetz aufgeladen wurden. Zum Aufladen der Akkus braucht man ein Netzteil, oft auch Adapter genannt; darin ist ein Transformator, der die 230 V Wechselstrom auf die erforderliche Kleinspannung (im Größenbereich ca 4V .. 16 V) herunter transformiert und dann auch noch gleichrichtet.

Aufgabe 10: Graetz-Schaltung

In der **Photovoltaik** dienen Dioden dazu, aus Photonen (also aus Licht) Volt (also Spannung) zu erzeugen. Genauso wie durch Erwärmen Elektronen aus ihrer festen Bindung gelöst werden können, gelingt dies auch durch Licht; Beleuchtung ist ja auch eine Art Energiezufuhr. Dazu muss das Licht so viel Energie mitbringen, dass Elektronen aus dem Valenzband in das Leitungsband gehoben werden können.

Die Anwendungsgebiete sind Solarzellen zur Stromerzeugung, Sensoren für Digitalkameras, Abtasteinheiten in CD-Playern,...

Umgekehrt kann man Dioden auch dazu bringen, Licht auszusenden. Eine **LED** (Light Emission Diode) sendet Licht einer ganz bestimmten Farbe aus, es gibt sie meist in Rot oder Grün. Die Diode muss dazu aus geeignetem Material sein und es muss Strom durch sie fließen. Atome aus dem Grenzbereich der beiden Halbleiter werden dann zur Lichtaussendung angeregt. Bisher wurden sie oft dazu benutzt, in elektronischen Schaltungen anzuzeigen, wo Strom fließt. Erst seit kurzem gibt es auch blaue LEDs; die sind deswegen besonders interessant, weil man durch geeignete Vorsätze aus dem blauen Licht auch „weißes" Licht (das also alle Spektralfarben enthält) gewinnen kann. Dies wird vermutlich dazu führen, dass unsere Glühlampen nur vorübergehend durch Energiesparlampen ersetzt werden, später werden es LEDs sein, wenn diese noch leistungsfähiger hergestellt werden können. Außerdem kann man mit dem Blau auch das richtige Grün für Ampelanlagen erhalten, diese LED-Ampeln sieht man immer häufiger.

Transistoren - aus fast nix ganz viel machen

... das waren noch Zeiten, als die Herrscher durch das Heben einer Augenbraue ganze Heerscharen bewegten!

Na, mit Elektronenscharen können wir das auch...!

Sensibelst reagierende Schalter und Verstärker von schwachen Signalen – für beides sind Transistoren zuständig. Ein Transistor besteht aus drei Schichten: zwei äußere n-Halbleiter und in der Mitte ein dünner p-Halbleiter bilden einen **npn-Transistor**. (Es gibt auch pnp-Transistoren, ihre Funktionsweise ist im Prinzip gleich.)

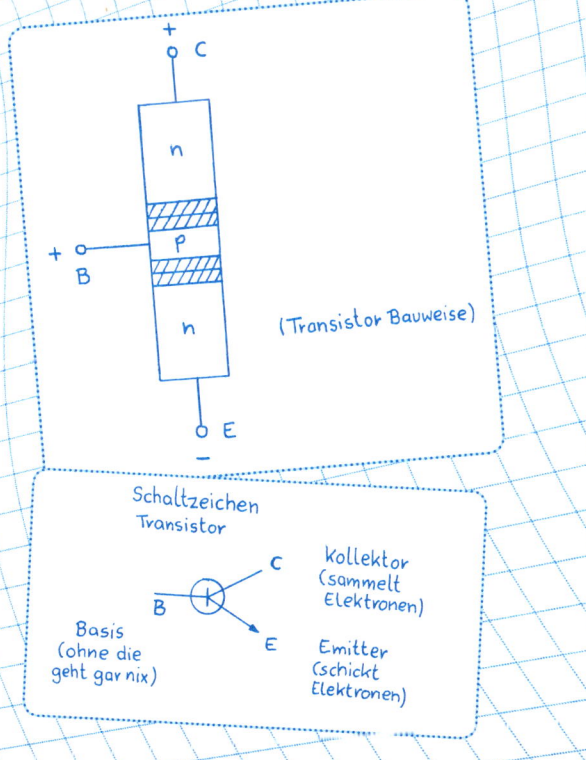

(Transistor Bauweise)

Schaltzeichen Transistor

Basis (ohne die geht gar nix)

Kollektor (sammelt Elektronen)

Emitter (schickt Elektronen)

Ein Transistor könnte eigentlich von E nach C gar nicht leitend sein, denn wenn der eine diodenartige Teil (z.B. EB) „richtig" gepolt ist, ist es der andere (BC) nicht. Der Trick besteht darin, dass der mittlere Teil, die Basis B, sehr schmal ist. Damit kann man erreichen, dass die meisten der von E ausgesandten Elektronen so viel Schwung haben, dass sie nicht die Kurve zu B bekommen und gleich zu C weiterfliegen. Mit dem Basisstrom von E nach B kann man so den Kollektorstrom von E nach C ein- und ausschalten und auch verstärken.

Bei der Funktion als **elektronischer Schalter** geht man davon aus, dass der relativ starke Strom, der zum Beispiel für eine Scheinwerferlampe im Auto benötigt wird, nicht auch noch dort fließen soll, wo der Auslösemechanismus angebracht ist. Also bewirkt das Fließen bzw. Nichtfließen des schwachen Basisstroms das Ein- bzw. Ausschalten des starken Lampenstroms.

Der **Verstärkereffekt** beruht darauf, dass sich eine geringe Stromstärkenänderung des Basisstromes stark auf die Veränderung des Kollektorstromes auswirkt. Eine Schallwelle beispielsweise erzeugt in einem Mikrophon einen sich periodisch ändernden Strom von wenigen Mikroampére. Zum Betrieb der angeschlossenen Lautsprecher braucht man Ströme, die sich genauso ändern, aber im wesentlich stärkeren Bereich. So nimmt man den Mikrophonstrom als Basisstrom und den Kollektorstrom als Lautsprecherstrom.

So einfach das Grundprinzip, so diffizil ist die konkrete Ausführung. Die einzelnen Bauteile einer elektronischen Schaltung müssen sehr genau aufeinander abgestimmt sein!

... na, so leicht ist es
mit dem Herrschen
dann doch nicht ...

Weil die Funktionsweise von Dioden und Transistoren ziemlich kompliziert ist, finden Sie im Internet ausführlichere Erläuterungen dazu; dort gibt es auch eine Erklärung der modernen Feldeffekt-Transistoren MOSFET und der CMOS-Technologie.

Halbleiter sind Materialien in Kristallstruktur, deren elektrische Leitfähigkeit durch Energiezufuhr (Erwärmen, Beleuchten) erhöht wird, deshalb werden sie auch **Heißleiter** genannt.

Die Leitfähigkeit lässt sich weiter erhöhen durch **Dotieren**: Ersetzen einiger Atome des Kristalls durch Atome mit einem Elektron mehr (n-dotiert) oder weniger (p-dotiert) als die Halbleiteratome.

Fügt man einen p- und einen n-Halbleiter zu einer **Diode** zusammen, so bildet sich im Grenzbereich der beiden Halbleiter eine Schicht, die je nach äußerer Polung die Diode leitend oder sperrend macht. Eine Diode kann je nach Material als **Gleichrichter** bei Wechselstrom dienen, als **Photozelle** oder als **LED**.

npn-Transistoren bestehen aus zwei n-Halbleitern (Emitter und Kollektor) mit einem dünnen p-Halbleiter (Basis) dazwischen. Ein schwacher Basisstrom kann einen starken Emitter-Kollektorstrom steuern. Es gibt auch pnp-Transistoren mit entsprechend umgekehrter Anordnung der Halbleiter.

Feldeffekt-Transistoren (z.B. MOSFET) in den modernen integrierten Schaltungen arbeiten mit dem elektrischen Feld einer Steuerspannung.

Elektromagnetismus
Die Große Koalition

Magnetismus aus Elektrizität

Joulie hat mit einfachen Hilfsmitteln aus der Handtasche (einer Battterie und um Büroklammern gewickeltem Draht) einen **Elektromagneten** gebaut. Magnete und das Vergnügen, sie mit Eisenspänen zu bestreuen und ihre magnetischen Feldlinien zu bewundern, kennen die meisten ja wohl aus der Schule. Auch die Erklärung, wie man aus „unmagnetischem" Eisen (z.B. einer Stricknadel) einen Stabmagneten macht, ist mit dem Begriff der **Elementarmagneten** recht anschaulich möglich:

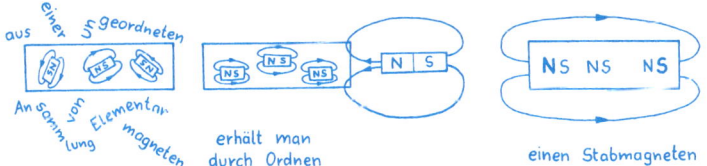

erhält man durch Ordnen

einen Stabmagneten

Das Ordnen geschieht dadurch, dass die entsprechenden Pole der Elementarmagnete von einem äußeren Magnetpol angezogen werden. Es gilt wie bei elektrischen Ladungen, dass **gleichnamige Pole** einander abstoßen und **ungleichnamige** einander anziehen.

Der Begriff **Elementarmagnet** hat gewisse Ähnlichkeit mit dem Begriff „Atom": Auch er ist der kleinste Baustein des Materials, der noch die materialtypischen magnetischen Eigenschaften hat.

Magnetische Felder entstehen aber nicht nur durch Ordnen von Elementarmagneten, sondern auch durch elektrische Felder: Ein magnetisches Feld entsteht, wenn ein elektrisches Feld sich ändert. Das geschieht bei den nicht an Ladungen gebundenen Feldern der Rundfunkwellen (*siehe Kapitel 11*). Eine Feldänderung findet aber auch statt, wenn elektrischer Strom fließt: Die Ladungen, die sich durch den Draht bewegen, schleppen ja praktisch ihr elektrisches Feld mit sich. Damit verändert sich das elektrische Feld im Raum ständig und es entsteht ein magnetisches Feld, dessen Struktur überraschenderweise ganz einfach aussieht. Die **magnetischen Feldlinien** um einen Draht, durch den sich Ladungen bewegen, sind konzentrische Kreise um den Draht.

Für den Zusammenhang mit der Elektronenrichtung gibt es eine einfache **Merkregel:**

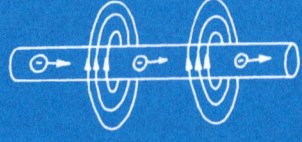

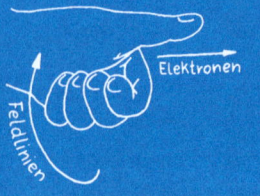

Zeigt der Daumen der linken Hand in die Bewegungsrichtung der Elektronen, dann deuten die gekrümmten Finger die kreisförmigen magnetischen Feldlinien mit ihrer Richtung an.

Manche Lehrbücher benutzen aber statt Elektronen die technische Stromrichtung ?!

Dann nimmt man eben die rechte Hand - oder was für Sie vielleicht einfacher zu merken ist: einen Korkenzieher!

Merke Elektronen	**linke Hand**
Strom	**rechte Hand oder Korkenzieher**

(Die „technische Stromrichtung" wurde von + nach – festgelegt, als man noch gar nicht wusste, was da fließt, und man mit dem willkürlich festgelegten + „viel" und dem – „wenig" assoziierte.)

Für die „Gold"-Münze wäre das Magnetfeld eines einfachen stromdurchflossenen Drahts zu schwach gewesen, deshalb hat Joulie den Draht zunächst zu einer Spule aufgewickelt, und schon wieder nutzt uns die linke Hand:

Von weitem sieht das Feldlinienbild der **stromdurchflossenen Spule** so aus, wie wir das aus der Schule von Stabmagneten kennen. Auch die Bausteine der Atome, Elektronen und Kerne haben magnetische Eigenschaften. Es scheint, als enthielten sie im Kreis umlaufende Ströme. Man bezeichnet diese Eigenschaft als **Spin** der Teilchen. In einigen Materialien machen sie sich als starke Felder bemerkbar, am deutlichsten geschieht das bei Eisenatomen.

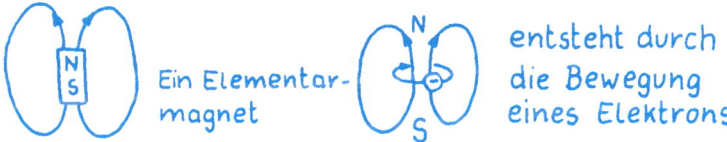

Anhand der dargestellten Zeichnungen verstehen wir jetzt auch, warum magnetische Feldlinien immer geschlossene Linien sind, die vom Nordpol zum Südpol weisen.

Zum Herausholen der „Gold"-Münze wäre auch der Spulenmagnet noch zu schwach gewesen. Deshalb hat Joulie das Magnetfeld noch verstärkt durch **ferromagnetisches Material** (die Büroklammern), das wie Eisen (lat. ferrum) zunächst ungeordnete Elementarmagnete enthält, die durch das Spulenfeld ausgerichtet werden und es damit deutlich verstärken. Wäre die Münze aus reinem Gold gewesen, dann wäre sie vom Magneten nicht angezogen worden. Es handelte sich aber um eine Fälschung: Sie war nur vergoldet und hatte einen Kern aus Eisen, das wurde durch die magnetische Anziehungskraft bewiesen!

Stärke eines Magnetfeldes

Um die Stärke eines Magnetfeldes zu messen, geht man im Prinzip genauso vor wie beim elektrischen Feld: Man misst die Kraft F, die das Feld auf einen Probemagneten ausübt. Als „**Probemagnet**" nimmt man einen Magneten, dessen kennzeichnende Größen leicht zu bestimmen sind: ein Stück Draht der Länge s, das von einem schwachen Strom der Stärke i durchflossen wird. Die Kraft pro Probemagnet ist der Quotient aus F und $i \cdot s$, der magnetische Feldstärke B genannt wird:

$$\text{magnetische Feldstärke} = \frac{\text{Kraft}}{\text{Probe}_\text{„}\text{magnet}\text{"}}$$

$$B = \frac{F}{i \cdot s}$$

Die Einheit $\frac{N}{A \cdot m}$ wird abgekürzt zu T (Tesla).

In manchen Büchern trägt B noch die ältere Bezeichnung „Flussdichte", das soll uns aber nicht verwirren. Die Formel für B gilt immer, ganz gleich, welchen Namen man für B vergibt!

Für magnetische Felder, die durch elektrischen Strom erzeugt werden, kann man statt der obigen Definition über die Wirkung des Feldes auch eine über die Entstehungsursache des Feldes finden. Beispielsweise gilt für eine lange **stromdurchflossene Spule**, dass in ihrem Inneren B abhängig ist von der Stromstärke I und der Anzahl der Spulenwindungen n pro Länge l, also von $I \cdot \frac{n}{l}$;

führt man Messungen durch, so findet man bei der gleichen Versuchsanordnung eine andere Zahl mit anderen Einheiten als bei der Wirkungsdefinition. Deshalb muss man als „Wechselkurs" einen Umrechnungsfaktor einschalten:

$$\text{Stromstärke} \cdot \frac{\text{Windungen}}{\text{Länge}} \cdot \text{Umrechnungsfaktor} = \text{magnetische Feldstärke}$$

$$I \cdot \frac{n}{l} \cdot \mu_0 = B = \frac{F}{i \cdot s}$$

$$\frac{\text{Windungen}}{\text{Länge}}$$

Der Umrechnungsfaktor μ_0 heißt **magnetische Feldkonstante**.

Ganz vollständig wird die Formel, wenn für das Material, das sich im Magnetfeld befindet, noch eine Konstante μ_r berücksichtigt wird: Eisen beispielsweise verstärkt das Feld mit einem Faktor bis zu 5000 je nach Sorte. Außer Eisen gibt es noch Kobalt und Nickel als ferromagnetische Stoffe und einige raffinierte chemische Verbindungen wie Permalloy ($\mu_r \approx 85000$). μ_r hat den hübschen Namen **relative Permeabilität**, die Zahlenwerte findet man in Tabellen.

Lorentzkraft

Die Kraft auf bewegte Elektronen, die wir zur Bestimmung von B brauchten, heißt Lorentzkraft F_L. Sie hat nicht nur einen Zahlenwert, sondern auch eine von der jeweiligen Konstellation abhängige Richtung: Wenn ein Draht mit all den in ihm enthaltenen Elektronen bewegt wird, bildet sich ja um jedes der Elektronen ein kreisförmiges Magnetfeld. Geschieht dies in einem anderen Magnetfeld, dann müssen die beiden Felder zu einem **resultierenden Feld** zusammengesetzt werden (Punkt für Punkt mit Kräfteparallelogrammen wie in Kapitel 3). Das daraus resultierende Magnetfeld übt nun diese Kraft so aus, als ob sie den „Störenfried" Draht aus dem anderen Magnetfeld hinausbefördern wollte.

Für die Richtung von F_L kann man schon wieder die linke Hand heranziehen, um sich die „UVW-Regel" zu merken. F_L ist immer senkrecht sowohl zur Geschwindigkeit der Ladung als auch zur Richtung des Magnetfeldes:

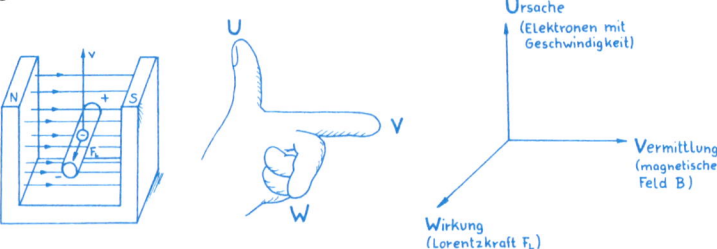

Lorentzkraft auf im Magnetfeld bewegte Elektronen =
Feldstärke · Elektronenladung · Geschwindigkeit der Elektronen

$$F_L = B \cdot e \cdot v$$

Diese Lorentzkraft ist deshalb so wichtig, weil sie für sehr viele Anwendungsbereiche des täglichen Lebens die grundlegende Rolle spielt: Was täten wir zum Beispiel ohne Elektromotoren? In denen ist das eine oben betrachtete Elektron Teil eines durch einen Draht fließenden Stromes; auf alle diese Elektronen wirkt nun die **Lorentzkraft** und bewegt gleich den ganzen Draht mit.

Man kann aber auch den Draht mit all den darin enthaltenen Elektronen mechanisch, z.B. per Hand oder mit Wasserkraft, durch das Magnetfeld bewegen. Dann werden die Elektronen durch die Lorentzkraft im Draht verschoben. Wenn man es richtig angestellt hat mit der Bewegungsrichtung, dann werden sie alle zu einem Drahtende hin verschoben. Dort entsteht ein Minuspol und am anderen Ende ein Pluspol, zwischen den Drahtenden wird also eine **Spannung** U_{ind} „**induziert**".

Natürlich sind dann nicht alle Elektronen am Ende des Drahtes gelandet, denn durch die Verschiebung entsteht ja ein elektrisches Feld zwischen den Elektronen und den von ihnen verlassenen positiven Ladungen. Dieses Feld zieht mit der Kraft F_{el} nun entgegen der Lorentzkraft die Elektronen zurück. Auf diese Weise stellt sich ein **Gleichgewicht der beiden Kräfte** ein.

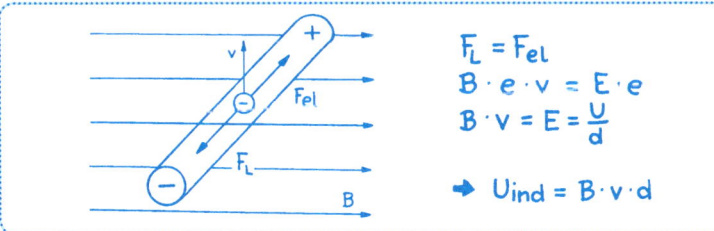

$$F_L = F_{el}$$
$$B \cdot e \cdot v = E \cdot e$$
$$B \cdot v = E = \frac{U}{d}$$

$$\rightarrow U_{ind} = B \cdot v \cdot d$$

Das ist das Grundprinzip eines **Generators**, also einer Maschine zur Stromerzeugung.

Wechselstrom

Beim Generator habe ich aber noch ein Problem: Wie schafft man es, dass der Draht sich ständig durch das Magnetfeld bewegt? Das ist ja wie die Quadratur des Kreises!

Sie haben es erfasst, Wattson! Die Kreisbewegung ist die Lösung. Der Draht rotiert im Magnetfeld und bleibt so immer drin!

Die Spannung, die man bei der Rotation des Drahtes im Magnetfeld erhält, verändert periodisch ihre Größe und Polarität – dies ist die Geburtsstunde der **Wechselspannung**, die sich freundlicherweise durch eine Sinusfunktion beschreiben lässt:

$$U = U_{max} \cdot \sin \varphi \qquad\qquad (\varphi \text{ ist der Drehwinkel})$$

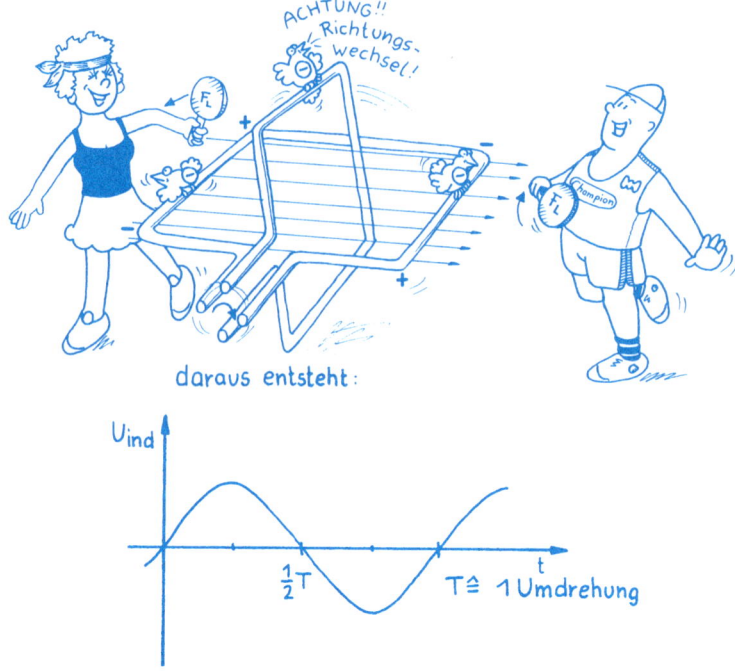

Wenn nun diese Wechselspannung an einen geschlossenen Stromkreis angelegt wird, dann kann ein **Wechselstrom** fließen. Bei genauerer Betrachtung dieses Wechselstroms sehen wir, dass der Strom seine Stärke und Richtung im Takt mit der sinusförmigen Wechselspannung ändert, wenn lediglich ein „ohmscher" Widerstand im Stromkreis ist, also einer, der die elektrische Energie in Wärme umwandelt. Unser haushaltsüblicher Wechselstrom hat eine Frequenz von 50 Hz, d.h., 50 Mal in der Sekunde wiederholt sich der Sinusbogen, die Periodendauer T ist $\frac{1}{50}$ Sekunde.

(Hz = Hertz = pro Sekunde = $\frac{1}{s}$ = s - 1)

In der Mathematik ist es üblich, die Sinusfunktion als Winkelfunktion für einen Drehwinkel φ anzugeben. Hier brauchen wir aber die Zeit t als Variable. Deshalb ersetzt man den Winkel φ durch ωt. Dabei ist ω die „**Kreisfrequenz**" $\frac{2\pi}{T}$ und 2π ist das Bogenmaß des Vollwinkels 360° (das hatten wir schon im Kapitel Bewegungen bei der Kreisbewegung).

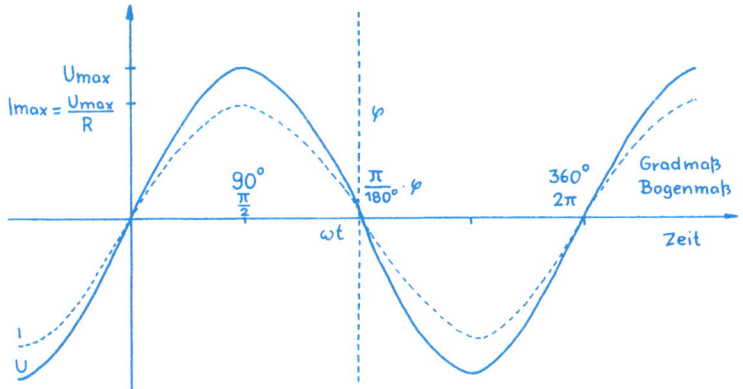

Damit gilt: $U(t) = U_{max} \cdot \sin(\omega t)$

$\quad\quad\quad I(t) = I_{max} \cdot \sin(\omega t)$

Induktion

Jetzt aber kommt der **Supertrick**: Wenn Bewegung bedeutet, den Ort zu verändern, dann könnte ja auch eine „Veränderung an sich" ausreichen, um eine Spannung zu erzeugen, zum Beispiel, indem nur die **Stärke des Magnetfeldes** verändert wird.

Wenn der Strom in einer Spule eingeschaltet wird, dann ändert sich das Magnetfeld von „nicht vorhanden" bis zu „voll da". Es ändert sich also die von der Spulenquerschnittsfläche A umfasste Magnetfeldstärke B. Und genau wie bei den vorigen Beispielen entsteht eine induzierte Spannung, die abhängig ist von der Änderung von B oder auch von A (zusammendrücken, auseinanderziehen, im Feld drehen, ...). Es ist im Endeffekt nur wichtig, dass sich das Produkt $B \cdot A$ ändert. Damit ist

$$U_{ind} = -\frac{d(A \cdot B)}{dt}$$

Was das Minuszeichen bedeutet, wird auf *Seite 155* erklärt!

In den älteren Büchern, in denen B „Flussdichte" heißt, bezeichnet man $B \cdot A$ als „**magnetischen Fluss**" Φ.)

Wattson hat Joulie eingeladen, seinen neuen **Induktionsherd** einzuweihen. Der funktioniert so: Statt einer Kochplatte gibt es eine (in die Glaskeramik eingebaute) Spule, die mit sehr **hochfrequentem Wech-**

selstrom betrieben wird. Das sich sehr schnell ändernde B erzeugt im Boden des metallenen Kochtopfs eine große Induktionsspannung U_{ind}, die ihre Polarität genauso schnell ändert. Nun ist ein Kochtopfboden sozusagen eine Spule mit nur einer Windung und einem sehr kleinen Widerstand, deshalb ist der durch U_{ind} erzeugte Strom sehr stark.

Und jetzt schlägt dem armen Wattson die **Lenz'sche Regel** alle Frühlingsträume aus dem Sinn:

> **„Der induzierte Strom I_{ind} ist seiner Ursache entgegengerichtet!"**

Im Klartext ist der induzierte Strom so gerichtet, dass sein Magnetfeld versucht, den ursprünglichen Zustand beizubehalten: Wenn sich das Magnetfeld verstärkt, schwächt der induzierte Strom es ab. Wird das Magnetfeld schwächer, hält der Strom es noch eine Weile aufrecht.

Für den Kochtopf bedeutet das, dass er in der B-Verstärkungsphase ein entgegengesetztes Magnetfeld aufbaut, also von der Herdplatte **abgestoßen** wird.

Das kann man nur verhindern, wenn man den Kochtopf am Herd festschraubt (unpraktisch!) oder einen Topf benutzt, der einen eisernen Boden hat, denn die Ausrichtung der Elementarmagnete ergibt eine Anziehungskraft, die stärker ist als die Lenz'sche Abstoßungskraft.

Also mein Bester, wären Sie nicht so sparsam gewesen und hätten zum neuen Herd auch neue Töpfe gekauft, hätten Sie nicht putzen müssen. Es wäre sicher ein schöner Abend geworden. Tschüß!!

Aber jetzt weiß ich wenigstens, was das Minuszeichen bedeutet...

Selbstinduktion

Und für uns kommt es noch schlimmer als für Wattson: Der Induktions-strom kann sogar seinen eigenen Erzeuger schwächen, zumindest in der Entwicklungsphase:

Wenn der Strom in einer Spule eingeschaltet wird und sich ein Magnet-feld aufbauen soll, dann wird dafür Energie gebraucht, die der Strom liefern muss. Rechnerisch kann man deshalb zu Beginn die Energie des fließenden Stromes noch nicht mit $W = U \cdot I \cdot t$ erfassen, sondern man muss von U die **Induktionsspannung** U_{ind} subtrahieren. Damit ist die **Stromstärke** zu Beginn null und wächst erst nach und nach, bis das Magnetfeld voll ausgebildet ist und zu seinem Aufbau keine Energie mehr gebraucht wird. Weil sich nun nichts mehr ändert, ist auch U_{ind} null. Der Strom hat endlich seinen durch U und R bestimmten Wert erreicht.

Diese Verzögerung, die dadurch entsteht, dass der Strom zu Beginn noch nicht seine volle Stärke hat, hängt davon ab, was für ein Mag-netfeld diese Spule aufbauen kann. Die dafür zuständigen Spulenwerte (Länge l, Windungszahl n, Querschnittsfläche A, μ_r im Feldbereich) fasst man in einem Ausdruck zusammen, der **Induktivität** L genannt wird. Für eine lange Spule ergibt sich

$$L = \mu_0 \cdot \mu_r \cdot n^2 \cdot \frac{A}{l}$$

Die Induktionsspannung U_{ind} kann man jetzt mithilfe von L und der Stromstärkenänderung (also der Ableitung der Stromstärke nach der Zeit) ausdrücken:

$$U_{ind} = -L \cdot \frac{dI}{dt}$$

Transformatoren

Ohne Induktionsspannung hätten wir viele unserer gewohnten Geräte nicht, weder eine elektrische Zahnbürste noch einen PC und auch kei-nen Videorecorder; diese Geräte benötigen nämlich eine andere Span-nung, als die 230 V Wechselspannung, die uns vom Netz geliefert wird. Diese **Spannung** U_1 muss also **umgewandelt**, „transformiert" werden. Die sogenannten Netzteile vieler unserer modernen Geräte sind eigentlich Transformatoren. Mit ihrer Hilfe kann man die Energie eines Stromkreises auf einen zweiten übertragen, ohne dass zwischen beiden eine leitende Verbindung besteht. Ein Transformator besteht im Wesentlichen aus zwei Spulen, die mehr oder weniger trickreich um einen gemeinsamen Eisenkern (μ_r groß!) gewickelt sind. Fließt nun durch die eine der beiden Spulen („Primärspule S_1") der Wechselstrom aus dem Netz, so induziert das sich ändernde Magnetfeld der Primärspule in der zweiten Spule („Sekundärspule S_2") eine Spannung. Die induzierte Spannung U_2 hängt freundlicherweise nur von der Spannung an S_1 und dem Windungsverhältnis $\frac{n_2}{n_1}$ der beiden Spulen ab:

$$U_2 = U_1 \cdot \frac{n_2}{n_1} \qquad \text{oder anders geschrieben}$$

$$\frac{U_1}{U_2} = \frac{n_1}{n_2}$$

Diese Formeln gelten für den sogenannten **unbelasteten Transformator**, bei dem nur Spannungen transformiert werden ohne dass nennenswerte Ströme fließen.

Damit ist es möglich, **Spannungen** ganz beliebig zu **transformieren**. Ladegeräte von Handys beispielsweise müssen mit ca. 4 V betrieben werden. Sie transformieren also die Netzspannung 230 V auf 4 V herunter, indem sie als Windungszahl der Sekundärspule nur 4/230 ($\approx$1/60) der Primärspule nehmen, z.B. $n_1 = 120$, $n_2 = 2$. (Übrigens muss diese Spannung dann noch gleichgerichtet werden, die Akkus in Handys sind ja Gleichspannungsquellen.)

Die Spannungsformel sieht einfach aus, aber eigentlich ist so ein Transformator ein ziemlich kompliziertes System. Wenn an seine Sekundärspule ein Gerät angeschlossen wird und damit auch **sekundärseitig Strom fließt**, entsteht dort ebenfalls ein Magnetfeld, welches nun wiederum auf die Primärspule zurückwirkt.

Zum Glück müssen wir diese Wechselbeziehung nicht ganz genau nachvollziehen, wir begnügen uns mit dem Ergebnis, das wieder nett einfach ist: Die sekundär entnommene Energie kann nicht größer sein als die primär hineingesteckte:

$$U_1 \cdot I_1 \cdot t \geq U_2 \cdot I_2 \cdot t$$

Wenn der Transformator durch I_2 „belastet" wird, muss sich auch I_1 erhöhen. Außerdem kann man nicht gleichzeitig U_2 und I_2 herauftransformieren; legt man Wert auf einen starken Sekundärstrom, so muss man mit einer niedrigen Spannung U_2 arbeiten. Für den **belasteten Transformator** gilt also das umgekehrte Windungsverhältnis:

$$\frac{I_1}{I_2} = \frac{n_2}{n_1}$$

Hohe Stromstärken braucht man beispielsweise beim Elektroschweißen. An ein Beispiel für hohe Spannungen erinnern sich sicher alle, auch die, die sonst im Physikunterricht nicht besonders aufgepasst haben – an den **Kletterfunken**.

Überlandleitungen

Ganz besonders wichtig sind Transformatoren bei der **Übertragung** der elektrischen Energie vom Kraftwerk bis zum Verbraucher. Weil der Wechselstrom auf der Primärseite Sinus-förmig ist, hat auch der Strom auf der Sekundärseite diese Form: Die Spannung auf der Sekundärseite entsteht ja durch die Stromänderung in der Primärseite, also die Ableitung des Stromes nach der Zeit ($U_{ind} = -L \, dI/dt$). Nur die Sinusfunktion übersteht alle Transformationen (also Ableitungen) ohne Änderung ihrer Form, sie ändert lediglich ihre Amplitude und wird auf der Zeitachse verschoben, so dass z.B. die Cosinusfunktion entsteht. Deshalb ist es möglich, Spannungen beliebig oft zu transformieren.

Generatoren in Kraftwerken erzeugen Strom mit einer Spannung von 10 bis 27 kV, für Überlandleitungen wird er auf 380 kV hoch transformiert und über eine oder mehrere Transformationen auf 230 V Netzspannung herabgesetzt. Ohne Transformatoren, die uns eine „handliche" Netzspannung liefern, hätten wir also vermutlich nicht mal Steckdosen im Haus!

Durch dieses Hoch- und wieder Heruntertransformieren erreicht man, dass die Übertragungsleitungen mit den Leitungen beim Verbraucher und mit denen beim E-Werk nur **induktiv gekoppelt** und nicht direkt verbunden sind. Außerdem können die Spezialisten berechnen, dass dieser Übertragungsweg am energiesparendsten ist.

E-Werk   1.Trafo   Hochspannungs-Überlandleitung   2.Trafo   Verbraucher

Gleichstrom wird nicht für die Überlandleitung verwendet, weil er nicht transformiert werden kann und es deshalb eine durchgehende Leitung vom **E-Werk** zum Verbraucher geben müsste. Dabei würde aber auf dem Übertragungsweg ein großer Teil der Energie lediglich für den Transport verschwendet. Das ist, als würde der Motor des Tankwagens schon mehr als die Hälfte des Tankinhalts auf dem Weg zum Heizöltank des Kunden verbrauchen.

Wechselstromkreise

In den meisten elektrischen Geräten, die wir benutzen, sind viele verschiedene Bauteile in den Stromkreisen enthalten. Ihre Funktion kann aber im Wesentlichen in drei Bereiche eingeteilt werden:

- Sie erzeugen Wärme (das sind die „ohmschen Widerstände").

- Sie bauen Magnetfelder auf (das sind die Spulen).

- Sie speichern elektrische Ladungen und erzeugen elektrische Felder(das sind die Kondensatoren).

Kondensatoren stellen für Gleichstrom einen unüberwindlichen Widerstand dar, wenn sie sich nach dem Anlegen der Spannung aufgeladen haben. In einem Wechselstromkreis können sie sich aber bei jedem

Wechsel wieder entladen und dann umgekehrt aufladen, so dass ein Wechselstrom fließen kann.

Spulen wirken im Vergleich dazu umgekehrt: In ihnen steigt beim Anlegen einer Gleichspannung die Stromstärke erst langsam an, weil die elektrische Energie zunächst für den Aufbau des Magnetfeldes genutzt wird. Erst danach kann der Strom in der durch U und R bestimmten Stärke fließen. Wenn dieser Vorgang bei jedem Wechsel des Wechselstroms noch nicht abgeschlossen ist, wirken Spulen wie ein zusätzlicher Widerstand.

Dieses gegensätzliche Verhalten von Spule und Kondensator im Wechselstromkreis kann für ein besonders interessantes Phänomen genutzt werden, wenn man Spule und Kondensator parallel schaltet:

Zu Beginn wird der Kondensator aufgeladen, in der folgenden Zeichnung fließt der Strom über den oberen Zweig. In der Spule fließt noch kaum Strom, denn das Magnetfeld wird aufgebaut. Optimal ist die Kombination, wenn der Kondensator gerade dann voll aufgeladen ist, wenn das Magnetfeld der Spule seine volle Stärke erreicht hat. Dann kann nämlich durch den unteren Teil Strom fließen. Diesen Weg können die Elektronen nutzen, um den Kondensator zu entladen. Wenn auch noch passend der Wechselstrom in der Zuleitung seine Polarität wechselt, beginnt ein abgestimmter periodischer Vorgang, die **elektromagnetische Schwingung**.

Ein solcher Kreis ist eigentlich nach dem ersten Aufladen ein Selbstläufer. Er braucht fast keine von außen zugeführte Energie mehr, nur ein wenig zum Ausgleich von ohmscher Wärmeabgabe. Die Stromstärke in der Zuleitung ist dann sehr klein.

 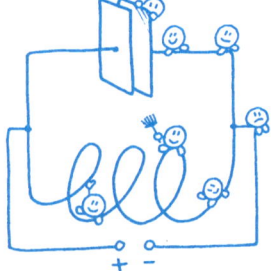

Die Elektronen schwingen also im Schaltkreis hin und her, wir haben einen **Schwingkreis**. Seine Schwingungsdauer T hängt von der Kapazität C des Kondensators und der Induktivität L der Spule ab:

$$T = \frac{1}{f} = 2\pi\sqrt{LC}$$

Um einen stromdurchflossenen Leiter bildet sich ein **Magnetfeld**, dessen Orientierung man mit der „**linken Hand-Regel**" ermitteln kann.

Die **magnetische Feldstärke** einer langen schmalen stromdurchflossenen Spule errechnet sich aus $B = I \cdot \frac{n}{l} \cdot \mu_0$

Auf im Magnetfeld bewegte Elektronen wirkt die **Lorentzkraft**

$$F_L = B \cdot e \cdot v$$

Durch die Bewegung eines Leiters im Magnetfeld wird zwischen dessen Enden eine **Spannung induziert**: $U_{ind} = B \cdot v \cdot d$

Durch Drehung einer Spule im Magnetfeld erhält man **Wechselspannung**:

$$U(t) = U_{max} \cdot \sin(\omega t); \; I(t) = I_{max} \cdot \sin(\omega t)$$

Die **Induktivität** L einer langen Spule bestimmt die Stärke der in ihr induzierten Spannung U_{ind} bei Änderung der Stromstärke:

$$L = \mu_0 \cdot \mu_r \cdot n^2 \cdot \frac{A}{l} \text{ und } U_{ind} = -L \cdot \frac{dI}{dt}$$

Transformatoren nutzen das Prinzip der induzierten Spannung zur

Spannungstransformation $U_2 = U_1 \cdot \dfrac{n_2}{n_1}$

oder zur Stromtransformation $I_2 = I_1 \cdot \dfrac{n_1}{n_2}$

Aus Spule und Kondensator kann ein **Schwingkreis** hergestellt werden mit der Schwingungsdauer $T = 2\pi\sqrt{L \cdot C}$

Quantenhafte Erleuchtungen

V

Schwingungen und Wellen
Good vibrations

Schwingungen: immerhin und immerher - gar nicht schwer

Viele der atomaren Vorgänge lassen sich sehr gut mit Erscheinungen beschreiben, die wir aus dem makroskopischen Bereich kennen: mit Schwingungen und mit der Ausbreitung von Wellen. Deshalb beginnen wir unseren Weg in den Mikrokosmos mit diesem mechanischen Bereich:

Der Schwingkreis aus dem letzten Kapitel ist ein Beispiel für eine periodische, also immer in gleicher Weise sich wiederholende Umwandlung von Energieformen, oder kurz gesagt für eine **Schwingung**. Beim Schwingkreis wird ständig Energie aus dem elektrischen Feld des geladenen Kondensators in Energie des Magnetfelds der stromdurchflossenen Spule umgewandelt und wieder zurück, magnetische in elektrische Energie. Wenn die Energieverluste aufgrund der Umwandlung in Wärme vernachlässigbar klein bleiben, kann so ein System selbstgenügsam praktisch unbegrenzt ohne weitere Energiezufuhr vor sich hin schwingen.

Diese periodischen Energieumwandlungen gibt es auch im mechanischen Bereich, beispielsweise beim Feder- und beim Fadenpendel. Hier wird jeweils potenzielle Energie, also Lage- oder Energie der gespannten Feder, in kinetische (Bewegungs-)Energie und wieder zurück umgewandelt.

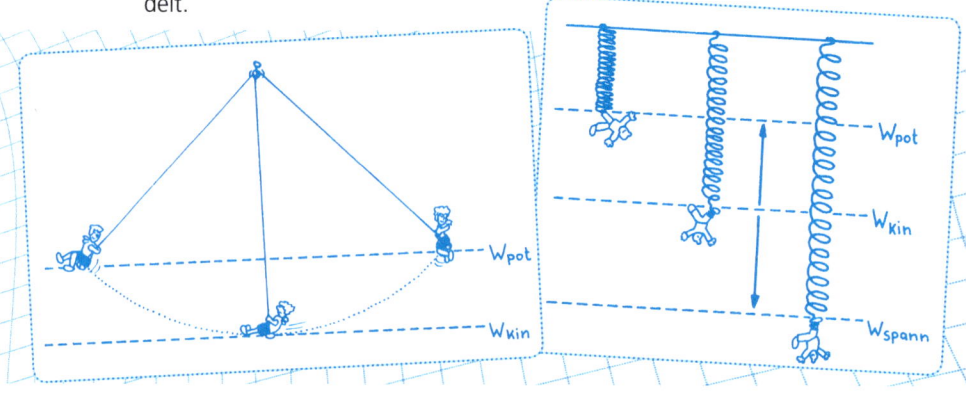

Der periodische Vorgang vieler Schwingungen lässt sich durch die Sinusfunktion beschreiben:

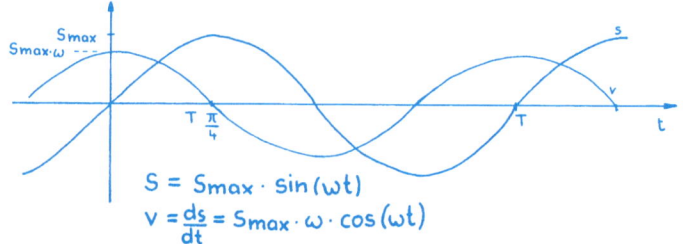

$$S = S_{max} \cdot \sin(\omega t)$$
$$v = \frac{ds}{dt} = S_{max} \cdot \omega \cdot \cos(\omega t)$$

Die maximale Auslenkung S_{max} nennt man Amplitude.

Die Geschwindigkeit v geht also immer der Auslenkung s voraus. Wenn v maximal ist, kann s erst richtig anfangen zu wachsen. Wenn s aber den größtmöglichen Wert hat, muss v schon wieder die Richtung umkehren.

Die Beschleunigung muss demnach wiederum zeitversetzt zur Geschwindigkeit sein und zeigt deshalb einen spiegelbildlichen Verlauf zu s: Wenn s wächst, wird a immer stärker bremsend, also negativ. Die Amplitude von a ergibt sich aus der Amplitude von s, die durch den Faktor ω^2 verändert wird.

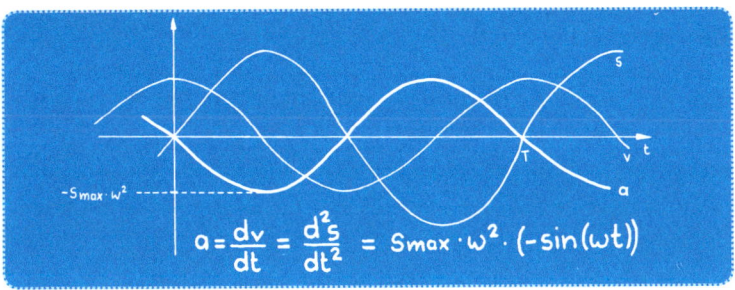

Weil sich s und a nur durch den Faktor $-\omega^2$ unterscheiden, ist $a = -\omega^2 \cdot s$.

Mit der Newtonschen Grundgleichung wird daraus:

$$F = m \cdot a = m \cdot (-\omega^2 \cdot s)$$

Die Kraft, die dafür sorgt, dass der Körper in seine Ausgangslage zurückgezogen wird, ist also umso größer, je größer die Auslenkung aus der Ausgangslage ist. (Das „zurückgezogen" erkennt man am Minuszeichen.)

So eine Schwingung, bei der die sogenannte „rücktreibende Kraft" der Auslenkung proportional ist, nennt man harmonisch.

Nimmt man nun noch die Federgleichung $F = -D \cdot s$ dazu, dann erhält man

$$m \cdot (-\omega^2 \cdot s) = -D \cdot s \quad \Rightarrow \quad m \cdot \omega^2 = D \quad \Rightarrow \quad \omega = \frac{2 \cdot \pi}{T} = \sqrt{\frac{D}{m}}$$

Somit ergibt sich für die Schwingungsdauer eines Federpendels:

$$T = 2\pi \cdot \sqrt{\frac{m}{D}}$$

Die Schwingungsdauer ist daher unabhängig von der maximalen Auslenkung, sie hängt nur von der Federkonstante und der Masse des schwingenden Körpers ab.

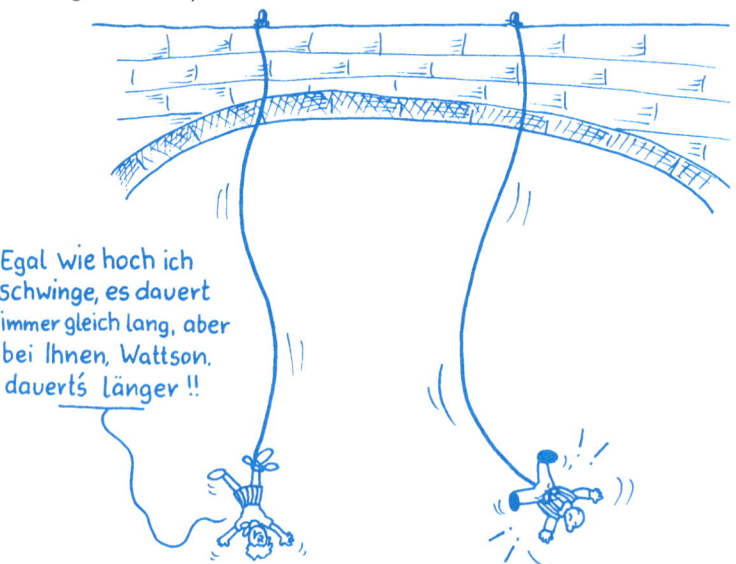

Ein **Fadenpendel**, wie z.B. das berühmte Pendel im Deutschen Museum in München, sieht zwar einfacher aus. Man kann es aber nur in einem kleinen Bereich als harmonischen Schwinger auffassen und seine Bewegung mit den obigen Gleichungen beschreiben. Die rücktreibende Kraft ist hier die Komponente F_R der Gewichtskraft, die den Pendelkörper entlang der Kreisbahn zum untersten Punkt zieht. Wegen der Kreisbahn steckt auch hier die Sinusfunktion in der Kraft. Deshalb wächst die Kraft nicht proportional zur Auslenkung. Nur für kleine Winkel bis etwa 5° schwingt das Fadenpendel annähernd harmonisch:

Wenn das Pendel um den Winkel α_1 ausgelenkt ist, hat der Pendelkörper auf dem Kreis den Weg s_1 zurückgelegt. Die Kraft F_{R1} zieht ihn zurück in die Ausgangslage. Die Kraft F_{R5}, die nach dem fünfmal so großen Winkel α_5 und dem fünfmal so langen Weg s_5 den Körper zurücktreibt, ist deutlich erkennbar kleiner als fünfmal F_{R1}.

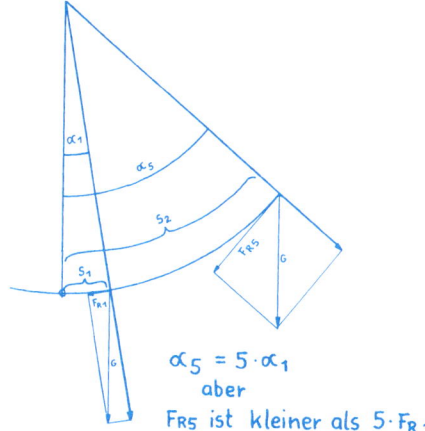

$$\alpha_5 = 5 \cdot \alpha_1$$
aber
F_{R5} ist kleiner als $5 \cdot F_{R1}$

Die **Schwingungsdauer** des **Fadenpendels** ist abhängig von der Pendellänge l und außerdem von g, weil die rücktreibende Kraft vom Gewicht des Pendelkörpers herrührt:

$$T = 2\pi \cdot \sqrt{\frac{l}{g}}$$

Das große Pendel im Deutschen Museum mit seiner Pendellänge von 60 Metern schwingt bei einer Schwingungsweite s_{max} von 2 Meter unter einem Winkel von 2 Grad ziemlich harmonisch, seine Schwingungsdauer beträgt etwa 15 Sekunden. Auf dem Mond, auf dem die „Mondbeschleunigung" nur etwa ein Sechstel von g ist, wäre seine Schwingungsdauer etwa zweieinhalb mal so groß. Die Pendelschwingung vorzuführen, ist nebenbei bemerkt nicht der eigentliche Zweck dieses Pendels. Man zeigt damit, dass die **Schwingungsebene** eines Pendels immer erhalten bleibt, selbst wenn sich die Erde darunter weg dreht. Das muss man unbedingt gesehen haben – also auf, nach München! (In Berlin und in Wien gibt es auch so ein Pendel, diese sind aber nicht ganz so eindrucksvoll, weil die Pendellängen etwas kürzer sind.)

Die Umwandlung der Energieformen kann man sehr gut an der graphischen Darstellung verfolgen. Die Zeichnung zeigt auch, dass die im System enthaltene Gesamtenergie unverändert bleibt und sich nur auf die jeweiligen Teilenergien aufteilt.

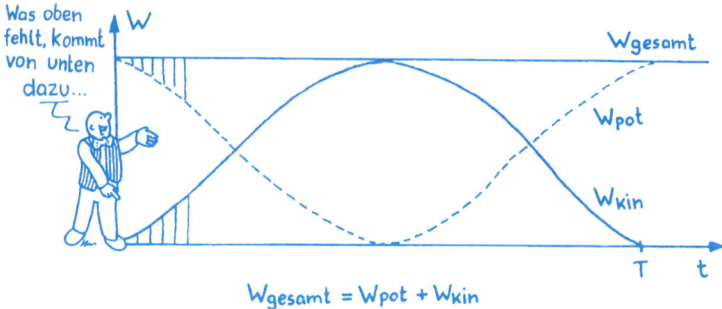

$$W_{gesamt} = W_{pot} + W_{kin}$$

Energien sind nie negativ, daher sind alle Graphen oberhalb der waagerechten Achse gezeichnet. An der Formel sieht man das auch: Die einzigen Größen, denen man eine Richtung zuschreiben kann, wie Geschwindigkeit v und Auslenkung s, sind quadratisch enthalten, womit ein etwaiges Minuszeichen verschwindet. Bei der **elektromagnetischen Schwingung** entspricht die elektrische Energie des Kondensators der potenziellen und die magnetische Energie der stromdurchflossenen Spule der kinetischen Energie. Als harmonisch kann die Schwingung angesehen werden, weil sich Auf- und Entladung des Kondensators ja auch durch die trigonometrischen Funktionen beschreiben lassen, die für die harmonische Schwingung charakteristisch sind.

Die Formeln für die drei wichtigsten einfachen harmonischen Schwingungen sehen in Teilen unterschiedlich aus, sind aber bei genauerer Betrachtung nach dem gleichen Muster aufgebaut:

Federpendel	Fadenpendel	Schwingkreis
D m	L	C L
$T = 2\pi\sqrt{\dfrac{m}{D}}$	$T = 2\pi\sqrt{\dfrac{l}{g}}$	$T = 2\pi\sqrt{L \cdot C} = 2\pi\sqrt{\dfrac{L}{\frac{1}{C}}}$

Der Faktor 2π weist auf die Periodizität hin (2π entspricht 360° – immer wiederkehrend im Kreis herum). Jede Formel enthält

eine Trägheitsgröße: m, L, l,

im Nenner ein Charakteristikum der rücktreibenden Kraft: $D, \frac{1}{C}, g$.

Wellen – lass andere auch was davon haben

Beim Niesen schleudern wir virengefüllte Tröpfchen mit etwa $60 \frac{km}{h}$ von uns weg. Diese können einen Zuhörer in der ersten Reihe schon erreichen. Was sich aber beim **Schall** von der Sängerin bis zum Zuhörer ausbreitet, sind nicht die schwingenden Luftmoleküle samt Viren, sondern ihre Energie. Jedes schwingende Luftmolekül veranlasst seine Nachbarn, ebenfalls mitzuschwingen, und so wird die Energie von einem zum anderen weitergegeben, bis sie nach einer gewissen Zeit das Ohr erreicht. Bei Schall in Luft ist diese Zeit ziemlich kurz. Die Ausbreitungsgeschwindigkeit beträgt etwa $330 \frac{m}{s}$. Bis in die ersten Reihen des Konzertsaals vergehen nur wenige Hundertstelsekunden. Bei Wellen auf der Wasseroberfläche sieht man die Energieweitergabe wegen der viel geringeren Ausbreitungsgeschwindigkeit sehr gut:

Wirft man nur einmal einen Stein ins Wasser, so erzeugt man eine Schwingung, die nach kurzer Zeit aufhört. Wenn man dagegen die Schwingung immer wieder im Takt anregt, erhält man eine fortlaufende **Welle**.

Eine Welle ist die optimale Form der Energieweitergabe, weil sie ohne Materietransport geschieht. Die einzelnen Wassermoleküle bewegen sich nämlich nicht vom Wellenerreger fort, sondern bleiben immer in der gleichen Entfernung von ihm. Beim Auf- und Abschwingen ziehen sie ihre Nachbarn nach und nach mit, geben so ihre Energie nach und nach weiter und regen die Nachbarn zu einer gleichartigen Schwingung an. Bei mechanischen Wellen (Wasser, Schall, ...) ist dazu ein **Wellenträger** erforderlich. Das ist ein System aus aneinander gekoppelten schwingungsfähigen Teilchen.

Bei Wasser besteht die **Koppelung** aus dem Zusammenhalt der Wassermoleküle (das nennt man „Kohäsion"). Bei Schall in Luft ergeben sich durch die Schwingungen der Luftmoleküle Druckschwankungen, die zur Energieweitergabe führen. Bei elektromagnetischen Wellen besteht die Koppelung darin, dass ein sich änderndes Feld das jeweils andere erzeugt: Das sich ändernde magnetische Feld erzeugt das elektrische; dieses wiederum ändert sich schon dadurch, dass es sich aufbaut. Es erzeugt somit ein sich ebenfalls aufbauendes/sich änderndes Magnetfeld, ...

Rundfunkwellen sind **elektromagnetische Wellen**. Sie entstehen dadurch, dass elektromagnetische Schwingkreise so gestaltet werden, dass sich die elektrischen und magnetischen Felder in den umgebenden Raum ausbreiten können. Dazu biegt man den Kreis auseinander, bis er wie ein Stab aussieht, also wie eine Sendeantenne. Die Ausbreitungsgeschwindigkeit einer elektromagnetischen Welle ist die größte Geschwindigkeit, die es gibt: die **Lichtgeschwindigkeit c** mit fast $3 \cdot 10^8 \, \frac{m}{s}$. Die Erkenntnis, dass sich Licht im Vakuum mit dieser Geschwindigkeit ausbreitet und dass es keine größere Geschwindigkeit als diese geben kann, war die zündende Idee Einsteins, auf der er dann seine Relativitätstheorie aufbaute. Auch viele andere Phänomene, die wir üblicherweise mit „Strahlung" bezeichnen, nämlich Röntgen-, γ- und Wärmestrahlung, haben die Eigenschaften elektromagnetischer Wellen – wie sie erzeugt werden, das sehen wir in den nächsten Kapiteln.

In einem gleichförmigen Medium führen alle schwingenden Teilchen („Oszillatoren") zeitversetzt die gleiche Schwingung durch wie dasjenige am Ausgangspunkt, dem sogenannten Wellenzentrum. Schaut man vom Wellenzentrum in eine der Richtungen, in die die Welle sich ausbreitet, so sieht man in regelmäßigen Abständen Oszillatoren, die sich zum gleichen Zeitpunkt im gleichen Schwingungszustand befinden; der Abstand zweier solcher Stellen heißt **Wellenlänge λ**. Den Schwingungszustand in Bezug auf die gesamte Schwingung, also z.B. ob gerade eine halbe Schwingungsdauer durchgeführt ist oder ob die maximale Auslenkung erreicht ist, nennt man **Phase**.

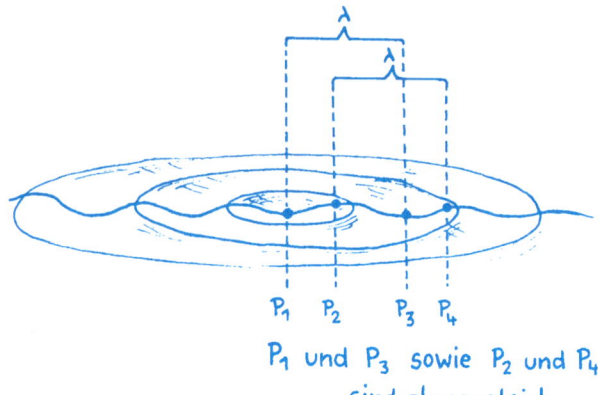

P_1 und P_3 sowie P_2 und P_4
sind phasengleich

λ hängt von der Frequenz f der Schwingung und von der Ausbreitungsgeschwindigkeit v der Energie ab.

$$v = \lambda \cdot f = \frac{\lambda}{T} \Rightarrow \lambda = v \cdot T = \frac{v}{f}$$

Die verschiedenen Frequenzen nehmen wir bei Schall als unterschiedliche Tonhöhen wahr, bei Licht als unterschiedliche Farben.

Wenn die Oszillatoren senkrecht zur Ausbreitungsrichtung schwingen, nennt man die Wellenform „transversal" oder **Querwelle**; das ist bei elektromagnetischen Wellen der Fall. Bei Wasserwellen schwingen die Oszillatoren genau betrachtet auf Ellipsenbahnen, aber für unsere weiteren Veranschaulichungen reicht es, sie vereinfacht als Querwellen zu betrachten. Von den Wasserwellen haben auch die beiden Phasenzustände **Wellenberg** und **Wellental** ihren Namen.

Bei Schallwellen schwingen die Luftteilchen in Ausbreitungsrichtung, diese Wellenform heißt „longitudinal" oder **Längswelle**. Bei den von der Welle verursachten Druckschwankungen entspricht der Wellenberg einem Druckmaximum, das Wellental einem Druckminimum.

Querwellen lassen sich dadurch nachweisen, dass sie durch entsprechend feine Gitter nur dann durchkommen, wenn die Gitteröffnungen parallel zur Schwingungsrichtung der Oszillatoren verlaufen.

Das Licht, das von der Sonne kommt, besteht aus Wellen in vielen verschiedenen Schwingungsrichtungen. Ein **Polarisationsfilter** lässt davon nur eine einzige Richtung durch. Dieses polarisierte Licht kann einen zweiten Polarisationsfilter nicht mehr durchdringen, wenn der gegenüber dem ersten etwas gedreht ist. Längswellen sind im Gegensatz dazu nicht polarisiert und durch solche Filter nicht aufzuhalten.

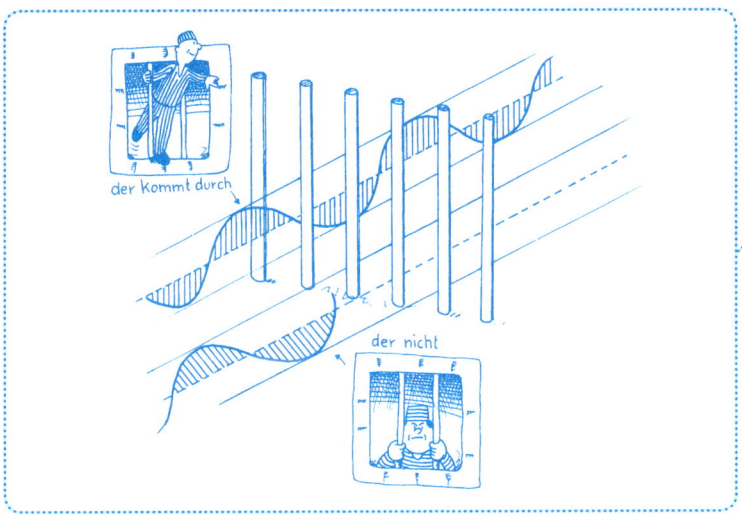

Mit Polarisationsbrillen sieht man den Himmel besonders schön blau und man wird durch die spiegelnde Wasseroberfläche nicht geblendet. Man kann also die Gegenstände im Wasser gut erkennen, weshalb das Tragen von solchen Brillen beim Wettangeln einen Vorteil böte und deshalb aus Gleichheitsgründen verboten ist.

> Weshalb das Himmelsblau und das vom Wasser reflektierte Licht polarisiert sind, wird im Internet unter „himmelblau" erklärt.

An Wasserwellen können wir uns viele Welleneigenschaften verdeutlichen. Das liegt daran, dass sie Wellenlängen haben, die mindestens einige Zentimeter lang sind, und dass die Oszillatoren für uns direkt sichtbar sind, so dass man sie in ihren verschiedenen Auslenkungsstadien gut erkennen kann. Die Wellenlängen von Schall sind zwar auch in einem meist handlichen Bereich, beim Kammerton a (f = 440 Hz) beträgt λ = 0,75 Meter. Aber da man Schallwellen eben nur hören und nicht auch sehen kann, ist es schon schwieriger, daran etwas zu veranschaulichen. Und bei elektromagnetischen Wellen mit ihrem Wellenlängenbereich von 10 km bei Rundfunklangwellen, über 10^{-6} m bei Licht bis zu 10^{-12} m bei γ-Strahlen, muss man sich schon raffinierte Tricks ausdenken, um ihre speziellen Eigenschaften überhaupt erkennen zu können.

Wellen haben einige Besonderheiten, die man bei Schall und bei Wasserwellen gut erkennen kann. Da ist zunächst die **Beugung**:

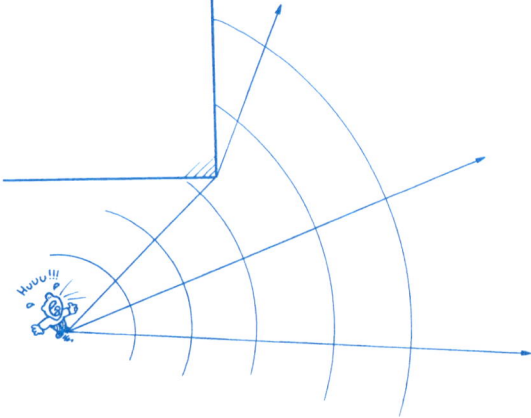

Weil jeder Oszillator alle um ihn herum erreichbaren Oszillatoren zum Schwingen anregt, schwingen dann auch solche, die nicht in gerader Linie vom Wellenzentrum aus zu sehen sind: Schall geht also „um die Ecke" und auch Wasserwellen breiten sich um ein Hindernis herum aus. Dass dies auch Rundfunkwellen können, halten wir für selbstverständlich, aber Licht??

Unser Begriff des Lichtstrahls umfasst die Vorstellung einer geradlinigen Ausbreitung. Aber bei der kleinen Wellenlänge sieht man den Effekt natürlich auch nur bei entsprechend kleinen Ecken! Häuserecken sind dazu viel zu grobklotzig. Etwas später werden wir sehen, wie man im anderen Zusammenhang die Auswirkung der Beugung doch sehen kann – nur noch etwas Geduld!

Wellen können auch **reflektiert** werden – so wie wir das von Lichtstrahlen kennen. Das passiert immer, wenn sie das Ende des Wellenträgers erreichen, beispielsweise wenn eine Schallwelle sich über die Luft ausgebreitet hat und auf eine Wand trifft. Wenn die Wand senkrecht zur Ausbreitungsrichtung ist, geht die Welle in die ursprüngliche Richtung zurück.

Wenn die Wand schräg zur Ausbreitungsrichtung verläuft, kann man sich das Verhalten der Welle am besten nicht mit kreisförmigen „Elementarwellen" verdeutlichen, sondern mit Wellenfronten. Die entstehen dadurch, dass man nicht nur an einer Stelle einen Oszillator in Schwingung versetzt, sondern viele Oszillatoren auf einer Linie senkrecht zur Ausbreitungsrichtung. Die erzeugen dann in Ausbreitungsrichtung wandernde Streifen von Wellenbergen und Wellentälern, die sogenannten **Wellenfronten**.

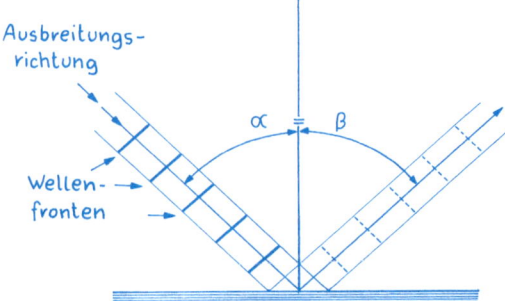

Beim Licht kennen wir auch die **Brechung**. Diese entsteht, wenn eine Welle aus einem Medium in ein anderes mit einer anderen Oszillatoren-Koppelung übergeht. In dem anderen Medium ist dann die Ausbreitungsgeschwindigkeit und damit auch die Wellenlänge größer oder kleiner als im ersten. Die Frequenz muss ja gleich bleiben, sonst könnte die Übergabe der Schwingung vom einen in das andere Medium nicht reibungslos funktionieren.

Weil die Wellenlänge sich ändert, bekommt die Ausbreitungsrichtung einen Knick. Bei Licht erscheint das so, als würde der Lichtstrahl „gebrochen", wenn er beispielsweise von Luft in Glas übergeht. Von diesem Effekt hat der Vorgang seinen Namen bekommen. Die Lichtgeschwindigkeit ist in allen anderen Medien kleiner als in Vakuum.

Die **Brechung elektromagnetischer Wellen** im Bereich des **sichtbaren Lichts** ist der entscheidende physikalische Vorgang beim Sehen. In allen „Augen" werden auf diese Weise die von den Gegenständen ausgehenden, auseinanderstrebenden Wellen wieder zusammengeführt, die dann bei ihrer Überlagerung auf der Netzhaut das Bild erzeugen. In der Technik wird dieser Effekt vor allem bei Linsen in Brillen, Fernrohren, Fotoapparaten u.Ä. genutzt.

Der unterschiedliche Eindruck zwischen Hören und Sehen rührt daher, dass beim Übergang von Luft in Wasser die Wellenlänge von Licht kleiner wird, die des Schalls aber größer.

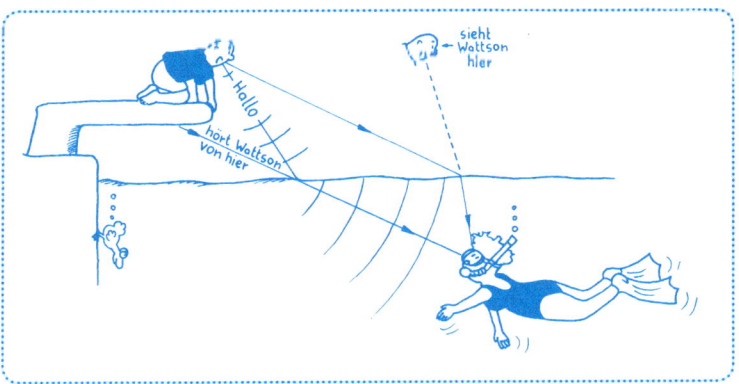

Die scheinbar geheimnisvollste Wellenerscheinung ist die **Interferenz**. Bei kreisförmigen Wasserwellen sieht man sehr schön, wie zwei solche Wellen durch einander hindurchlaufen können. Dort, wo zwei Wellenberge oder zwei Wellentäler aufeinandertreffen, verstärkt sich die Auslenkung nach oben oder unten. Dort, wo Wellenberg und Wellental aufeinandertreffen, heben sich die beiden Auslenkungen gegenseitig auf. Daraus ergeben sich Bereiche mit Schwingungen, in denen die maximale Auslenkung besonders groß ist, und andererseits Bereiche, in denen die Oszillatoren ständig in Ruhe sind. Diese Bereiche sind bei den kreisförmigen Wasserwellen streifenförmig angeordnet, im Bild verdeutlicht durch die gestrichelten Linien.

So geheimnisvoll, wie dies auf den ersten Blick scheint, ist das aber gar nicht. Es ist das gleiche Prinzip, das wir schon bei den zusammengesetzten Bewegungen in Kapitel 5 kennengelernt haben: Ein Gegenstand kann zwei Bewegungsanweisungen gleichzeitig befolgen. In Kapitel 5 waren es eher gleichbleibende Anweisungen wie „geradeaus fliegen" und „fallen", hier sind es die periodisch wechselnden Schwingungsanweisungen.

Bemerkenswert ist aber immerhin, dass auch ein **Oszillator**, der infolge von entgegengesetzten Anweisungen einfach in **Ruhe** bleibt, die Schwingungsenergien in die vorgegebenen Richtungen weitergibt.

Bei **Schallwellen** könnte man diese Interferenzstreifen als Bereiche von unterschiedlicher Lautstärke wahrnehmen, falls man zwei Schallquellen hat, die den gleichen Ton aussenden. Das kommt aber außerhalb physikalischer Labors nicht vor. Der Schall, den wir im täglichen Leben wahrnehmen, ist ein Gemisch aus vielen Tönen. Nur wenn Musikinstrumente gestimmt werden, kann man es hören, wenn sie nicht den gleichen Ton spielen: Die Interferenzerscheinung, die man **Schwebung** nennt, besteht in einem sehr schnell aufeinanderfolgenden Auf-und Abschwellen des Tons, was sich unangenehm klirrend anhört.

Bei **Licht** muss die Interferenzerscheinung aus hellen und dunklen Streifen bestehen. Im täglichen Leben sehen wir das aber nicht. Dazu wären **Elementarwellen** nötig, die man nur erhält, wenn man Licht durch mindestens zwei dicht nebeneinanderliegende ganz, ganz kleine Öffnungen schickt. Die Größenordnung von „dicht" und „ganz, ganz klein" ist im Bereich hundertstel bis tausendstel Millimeter. Wenn eine Welle durch so eine kleine Spaltöffnung hindurchgeht, dann erscheint sie dahinter gebeugt, sie geht also um diese „Ecke" herum. Das bedeutet eigentlich, dass nach der Öffnung eine kreisförmige Elementarwelle entsteht.

Diese Elementarwellen interferieren, und genau wie bei den Wasserwellen gibt es Stellen mit Auslöschung, bei Licht also **Dunkelheit**, und Stellen maximaler **Helligkeit**. Bei Letzteren verstärken sich die Elementarwellen, weil sie mit gleicher Phase ankommen. Der Weg von dem einen Spalt zur hellen Stelle ist genau um eine Wellenlänge (oder zwei oder drei ...) länger als der von dem anderen Spalt. Dieses **Interferenz-muster** kann man auf einem Schirm auffangen. Hat man einfarbiges Licht benutzt, von einem roten Laser zum Beispiel, dann sieht man ein zur Mitte symmetrisches Muster von hellen Stellen auf dem Schirm, deren Intensität nach außen hin abnimmt.

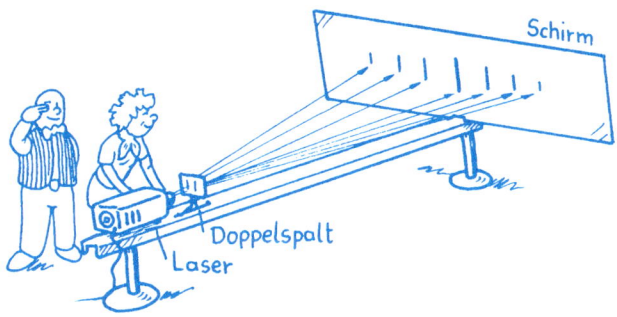

Nun enthält das sichtbare Licht Wellen unterschiedlicher Frequenz, von denen jede in unserem Gehirn einen anderen Farbeindruck aus dem **Spektrum** der Regenbogenfarben hervorruft. Der Frequenzbereich ist sehr klein: Er reicht von rund $7{,}5 \cdot 10^{14}$ Hz (violett) bis $3{,}8 \cdot 10^{14}$ Hz (rot). Dies entspricht Wellenlängen von $4 \cdot 10^{-7}$ m bis $8 \cdot 10^{-7}$ m. Weiß sehen wir nur, wenn wir eigentlich alle Farben gleichzeitig sehen. Im täglichen Leben gibt es noch eine andere Möglichkeit für Weiß-Sehen (die jedoch selten vorkommt): Man sieht gerade nur zwei sogenannte **Komplementärfarben** gleichzeitig – Rot und Grün, Violett und Gelb, Blau und Orange.

Wenn man zu diesem Interferenzmuster weißes Licht von der Sonne oder einer hellen Glühlampe nimmt, sieht man in der Mitte eine weiße Stelle und nach außen hin statt der roten Stellen jeweils ein farbiges **Regenbogen-Spektrum**. (Mehr dazu folgt im nächsten Kapitel!)

Um die **Wellenlängen** des benutzten Lichts zu bestimmen, misst man die Abstände d der hellen Stellen bis zur hellen Mitte. Da die Größenordnungen der Entfernungen vom Spalt zum Schirm (a) und der Spaltöffnungen voneinander (g) so unterschiedlich sind, kann man die Auswertung in zwei Teile zerlegen. Die in der folgenden Zeichnung schraffierten Dreiecke aus den Teilen I (am Spalt) und II (Spalt bis Schirm) kann man – ohne einen merklichen Fehler zu begehen – als ähnlich ansehen. So lässt sich das gleiche Verhältnis entsprechender Dreiecksseiten benutzen, um die Wellenlänge auszurechnen.

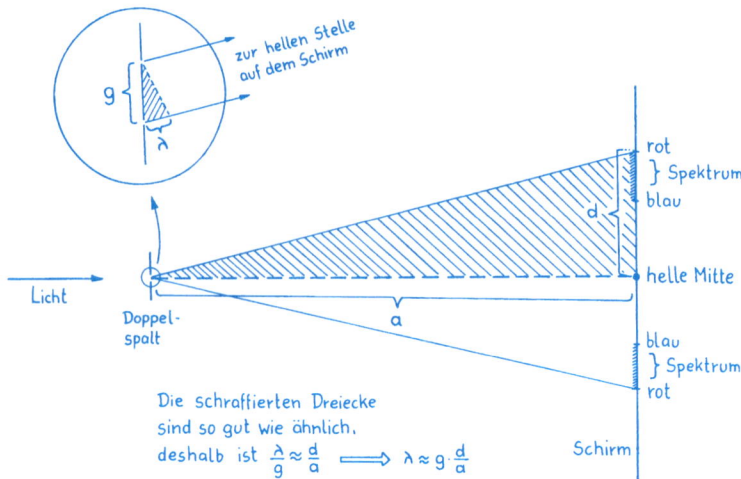

Für einen solchen Versuch typische Messwerte ergeben in $\lambda = g \cdot \dfrac{d}{a}$ eingesetzt

$$\lambda = 2{,}5 \cdot 10^{-5}\,\text{m} \cdot \frac{5 \cdot 10^{-2}\,\text{m}}{2\,\text{m}} = 6{,}25 \cdot 10^{-7}\,\text{m}$$

Solche, auch **optische Gitter** genannte Doppelspalte und Vielfachspalte mit Spaltabständen im Bereich von hundertstel Millimeter gibt es natürlich nur in Labors. Aber auch ein hauchdünner Seidenschal ist ein einigermaßen feines gitterartiges Gewebe. Als Lichtquelle eignet sich eine Ampel oder eine Straßenlaterne bei Dunkelheit, damit kein Umgebungslicht den Interferenzeffekt stört.

Farbige Streifen sieht man aber nur, wenn der Seidenschal äußerst fein gewebt ist. Ohne weitere Hilfsmittel lässt sich der Farbeffekt bei CDs erkennen. Dort entstehen die Elementarwellen nicht dadurch, dass das Licht durch enge Öffnungen durchkommt, sondern dadurch, dass es von den sehr schmalen Spiegelflächen zwischen den Rillen reflektiert wird.

Stehende Wellen

Wenn Wellen so reflektiert werden, dass sich ihre Ausbreitungsrichtung umkehrt, dann interferieren die hin- und die zurücklaufende Welle. Jeder Oszillator bekommt also Anweisungen von zwei Seiten. Das kann zu einem ziemlichen Durcheinander führen, oder auch zu einem ganz besonders nützlichen Effekt: Wenn jeder Oszillator nicht ständig wechselnde Anweisungen erhält, sondern von beiden Seiten immer die gleiche Art, dann bildet sich ein stabiler Zustand aus, eine sogenannte „stehende Welle". Man erreicht das dadurch, dass man die Welle in einem abgeschlossenen Bereich an beiden Seiten reflektieren lässt und dass man den Bereich gerade so lang wählt, dass er ein Vielfaches einer halben Wellenlänge ist.

Im einfachsten Fall, wenn die Länge des Bereichs eine halbe Wellenlänge ist, bekommen die Oszillatoren an den beiden Enden immer gegensätzliche Anweisungen und bleiben in Ruhe. Der Oszillator genau in der Mitte bekommt von beiden Seiten dieselbe Anweisung und so verdoppelt sich die Auslenkung. Dieser Oszillator schwingt besonders weit aus. Bei den Oszillatoren dazwischen heben sich die Anweisungen teilweise auf, so dass sich zum Rand hin eine immer geringere Schwingungsweite einstellt. Die heftig schwingende Mitte dieser Wellenüberlagerung nennt man **Wellenbauch**, die Stellen, die immer in Ruhe bleiben, heißen **Wellenknoten**.

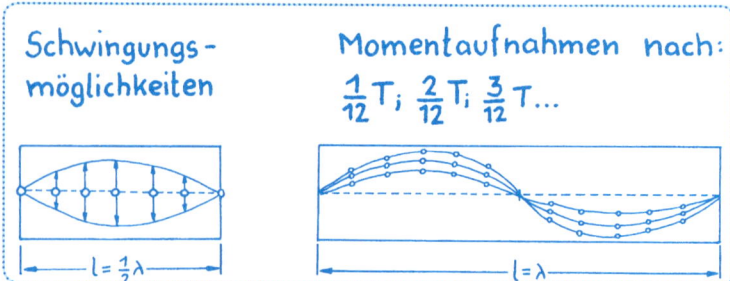

Wenn in den Bereich zwei halbe Wellenlängen hineinpassen, dann gibt es auch in der Mitte einen Wellenknoten und rechts und links zwei Bäuche. Entsprechendes gilt für drei, vier, ... halbe Wellenlängen.

Der Vollständigkeit halber sei erwähnt, dass es auch **Reflektion** geben kann, wenn das Ende des Wellenbereichs offen ist, wie bei einer offenen Orgelpfeife. Dort bildet sich dann bei der stehenden Welle ein Wellenbauch aus. Stehende Wellen sind ganz wichtig in zwei Bereichen: bei Musikinstrumenten und bei Lasern.

Bei **Musikinstrumenten** wird zunächst ein Gegenstand in Schwingung versetzt, bei der Geige ist das eine Saite. Damit man die Töne aber in einiger Entfernung überhaupt hören kann, braucht man noch einen **Resonanzkörper**. Das ist bei der Geige der luftgefüllte Holzkörper, der in der gleichen Frequenz schwingen kann wie die auf der Saite erzeugte. In diesem Resonanzkörper bildet sich eine stehende Welle aus. Daher ist er in der Lage, eine Schallwelle mit wesentlich größerer Leistung auszusenden als die Geigensaite alleine. Der Geigenkörper muss in jeder der Frequenzen mitschwingen können, die von den Geigensaiten erzeugt werden. Deshalb ist das Geigenbauen eine hohe Kunst und gute Geigen so teuer.

Bei **Orgelpfeifen** dagegen wird in dem röhrenförmigen Luftraum der Pfeife eine stehende Welle erzeugt, wobei es für jeden Ton eine auf seine Wellenlänge abgestimmte Pfeife geben muss. Daraus ergeben sich die der Länge nach angeordneten sprichwörtlichen Orgelpfeifen. Bei **Flöten** kann man den Luftraum durch Löcher im Holz anpassen, damit man mit nur einem Rohr auskommt.

Das Grundprinzip eines **Laser** ist ebenfalls die stehende Welle. Der Wellenträger ist ein stabförmiger Gegenstand aus besonders geeignetem Material. Die Welle ist eine Lichtwelle mit einer einzigen genau angepassten Wellenlänge. An den Enden des Stabs wird sie reflektiert und die resultierende stehende Welle ist dann genau parallel zum Stab ausgerichtet. Wenn das Licht durch ein halbdurchlässiges Ende den Stab verlassen kann, bleibt die Ausrichtung erhalten. Wir sprechen von einem „gebündelten Lichtstrahl", wie wir ihn von Laserpointern her kennen.

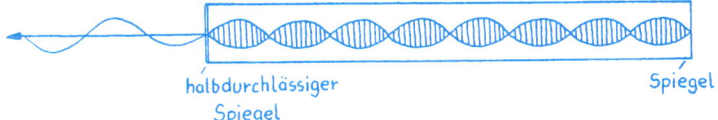

halbdurchlässiger
Spiegel

Spiegel

Bewegte Wellenerreger

Ein interessantes Phänomen tritt auf, wenn sich Wellenerreger und Empfänger relativ zueinander bewegen: der sogenannte **Dopplereffekt** (der Name kommt nicht von „verdoppeln", sondern von seinem Entdecker, Herrn Doppler). Bei Schall ist die scheinbare Frequenzänderung, die durch die Bewegung der Schallquelle hervorgerufen wird, sehr gut zu hören – zum Beispiel wenn ein Zug oder ein Polizeiauto mit Sirene an uns vorbeifährt.

Kommt die Schallquelle auf uns zu, dann verringert sich dadurch der Abstand zweier phasengleicher Stellen, denn die Schallquelle läuft mit der Welle mit. Nicht ganz so schnell wie diese, aber λ wird kleiner, die wahrgenommene Frequenz wird größer, der Ton erscheint höher. Das Umgekehrte passiert, wenn die Schallquelle sich entfernt: größerer Abstand phasengleicher Stellen, größere Wellenlänge, kleinere Frequenz, tieferer Ton. Da dieser Dopplereffekt von der Geschwindigkeit der Schallquelle abhängt, aber nicht von der Entfernung von unserem Ohr, ist die Tonhöhe beim Näherkommen die ganze Zeit gleich und genauso beim Entfernen; der Umkehrpunkt, wenn die Schallquelle genau am Ohr vorbeifährt, ist eindrucksvoll wahrzunehmen.

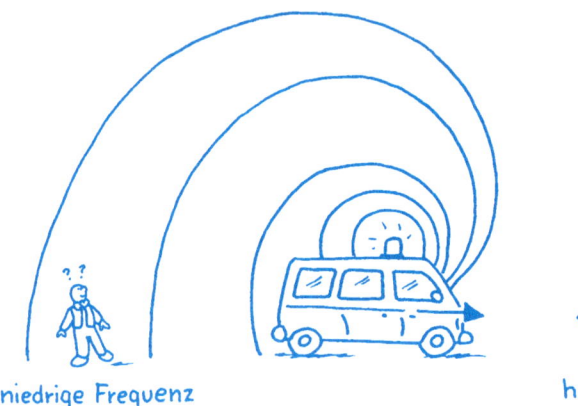

niedrige Frequenz
tiefer Ton

hohe Frequenz
hoher Ton

Bei Licht gibt es diesen Effekt auch, nur ist die Geschwindigkeit eines auf uns zufahrenden Autos im Vergleich zur Lichtgeschwindigkeit des Lichts aus den Scheinwerfern so minimal, dass wir keine Farbänderung sehen können. Bei Sternen aber gibt es die berühmte **Rotverschiebung**. Wir nehmen deren Licht mit niedrigerer Frequenz wahr als das Licht von anderen gleichartigen Sternen. Daraus schließt man, dass sich diese Sterne von uns entfernen und dass das Weltall sich ausdehnt.

Schwingungen sind **periodische Energieumwandlungen**; im mechanischen Bereich geschieht bei Faden- und Federpendel diese Umwandlung zwischen potenzieller und kinetischer Energie, bei elektromagnetischen Schwingungen zwischen elektrischer und magnetischer Energie.

Wellen können sich in Systemen von gekoppelten schwingungsfähigen Elementen(Teilchen, Feldern) ausbreiten. Sie werden durch ein schwingendes Element (den **Wellenerreger**) erzeugt und geben ihre Energie nach und nach an ihre Nachbarn weiter.

Wellenerscheinungen sind **Beugung**, **Brechung**, **Reflexion**, **Interferenz** und **Polarisation**.

Wellen werden durch die Eigenschaften **Wellenlänge** λ, **Frequenz** f und **Ausbreitungsgeschwindigkeit** v beschrieben: $v = \lambda \cdot f$

Durch Reflexion und Interferenz können sich **stehende Wellen** ausbilden; dies ist z.B. bei Musikinstrumenten wichtig.

Licht

Die Quanten-Versandstation

Die Licht-Sender

Der Sender, der die **elektromagnetischen Wellen** ausstrahlt, die wir Licht nennen, ist ein Atom. Wir wissen ja, dass bewegte elektrische Ladungen ein Magnetfeld um sich herum aufbauen. Wir wissen auch, dass sich ändernde Magnetfelder elektrische Felder verursachen, diese wiederum magnetische Felder, ... Schon mit dem einfachen Atommodell, in dem sich die Elektronen auf Kreisbahnen um den Kern bewegen, hat man das Grundprinzip dieses Senders erfasst.

Jede Atomart hat dabei nur einige ganz bestimmte, für es charakteristische Frequenzen zur Verfügung und ist dadurch identifizierbar.

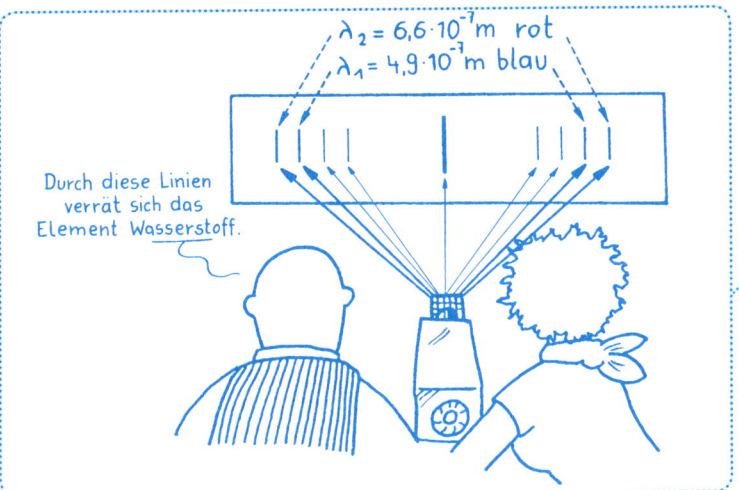

$\lambda_2 = 6,6 \cdot 10^{-7}\,\text{m rot}$
$\lambda_1 = 4,9 \cdot 10^{-7}\,\text{m blau}$

Durch diese Linien verrät sich das Element Wasserstoff.

Um das nun genau zu verstehen, musste die Vorstellung über die Bauweise von Atomen verbessert und verfeinert werden. Mit dem 1913 von Niels Bohr entwickelten und hierfür passenden Modell stellt man sich vor, dass sich die Elektronen der Atomhülle nur auf Kreisbahnen mit ganz genau festgelegten Radien um den Kern bewegen können. Dass das nur für diese Radien möglich ist, erklärt man im **Bohrschen Atommodell** damit, dass sich nur auf den dadurch bestimmten Kreisbahnlängen so etwas wie eine **stehende Welle** ausbilden kann. Zunächst hatte man zu Bohrs Zeit gar keine Vorstellung davon, wie man sich ein Teilchen wie das Elektron als stehende Welle denken sollte, aber andererseits passte die Vorstellung gut zu den von Atomen ausgesandten Lichtwellen.

Je größer der Kreisbahnradius, desto größer ist die Arbeit, die aufgebracht werden musste, um das negativ geladene Elektron vom positiven Kern zu entfernen. Und umso größer ist auch die Energie, die dieses Elektron hat. Ein Grundprinzip unserer Welt ist es, dass alle Systeme sich auf den niedrigst möglichen **Energiezustand** einstellen.

Ein Elektron, das sich in einem Energiezustand befindet, der etwas über seinem minimal möglichen liegt, wird versuchen, die überschüssige Energie loszuwerden. Diese **Energieabstrahlung** wirkt auf uns wie ein kurzes Lichtwellenpäckchen. Wir nennen es **Photon**. Das Elektron gelangt dabei im Atom auf eine Kreisbahn mit kleinerem Radius. Der ist dadurch bestimmt, dass sich dort ebenfalls eine stehende Welle ausbilden kann.

Um die Energie des ausgesandten Photons zu bestimmen, muss man nur seine Frequenz mit einem Umrechnungsfaktor multiplizieren. Dieser Umrechnungsfaktor ist das schon erwähnte **Planck'sche Wirkungsquantum h**. *(Seite 36)*

Der Name Wirkungsquantum enthält zwei Begriffe:

Wirkung nennen Physiker das Produkt aus Energie und Zeit; je länger eine Energie gewirkt hat, desto größer ist der Effekt, die Wirkung.

Quantum bezeichnet eine kleine Portion. Die Gleichung $W = h \cdot f$ besagt, dass die Energie des Atoms nur portionsweise abgestrahlt werden kann – als ein durch die Frequenz bestimmtes Vielfaches dieses Wirkungsquantums.

Das Elektron in der Atomhülle kann also nur eine ganz bestimmte Energiemenge abgeben, nie mal ein bisschen mehr oder ein bisschen weniger. Es kann auch nur genau dieses Energiequantum aufnehmen, wenn es dazu gebracht werden soll, sich wieder auf eine höherenergetische Bahn zu begeben.

Das aufzunehmende Energiequantum kann das Elektron durch vorbeifliegende freie Elektronen oder durch Photonen bekommen. Diese geben beim Zusammenstoß mit dem Atom Energie ab, die das Atom in einen **angeregten Zustand** versetzt. In der Modellvorstellung der Kreisbahnen bedeutet das, ein Elektron auf eine Kreisbahn mit größerem Radius zu heben. Photonen müssen dabei ihre ganze Energie abgeben und sind dann quasi im Atom verschwunden.

Das geht natürlich nur, wenn die Energie genau passt. Die **Photonen**, denen eine Anregung des Atoms gelingt, können also nur genau solches Licht sein, wie nachher wieder ausgesandt wird, wenn das Atom in den energetisch niedrigeren Zustand zurückgeht. Elektronen sind da flexibler, sie können gerade soviel Energie hergeben, wie für den angeregten Zustand gebraucht wird. Mit dem Rest fliegen sie dann entsprechend langsamer weiter.

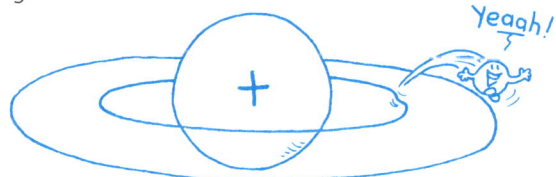

Für diese Energieaufnahme und -abgabe hat sich der Name Quantensprung eingebürgert. Er sagt hauptsächlich aus, dass es sich dabei nicht um ein kontinuierliches, sondern um ein sprunghaftes Ansteigen oder Absinken der Energie handelt, bei dem Zwischenwerte nicht erlaubt sind. Im Alltagssprachgebrauch wird der Begriff verwendet, wenn eine bedeutende Neuerung das Altbekannte weit hinter sich lässt.

Farben und Spektren

Ein Photon verschwindet im Atom, wenn es die richtige Energie hat, und kurze Zeit später sendet das angeregte Atom ein gleichartiges Photon wieder aus. Das Photon kann aber auch eine andere Wirkung haben, die auf seiner Welleneigenschaft beruht: Es kann Atome zu einer sogenannten „erzwungenen Schwingung" bringen, wobei die Atome als winzige Sendeantennen fungieren, die eine elektromagnetische Kugelwelle aussenden.

Der bekannteste dadurch hervorgerufene Effekt ist das **Himmelsblau**: Die Teilchen der Atmosphäre werden vor allem durch die Photonen des blauen Lichts zum Aussenden einer Welle in der gleichen Frequenz gebracht. So erhalten wir blaues Licht aus allen Himmelsrichtungen, auch von dort, von wo eigentlich gar kein Sonnenlicht herkommen kann. Dem roten Licht passiert das nicht, das bekommen wir nur mit all den anderen Farben direkt aus der Sonnenrichtung.

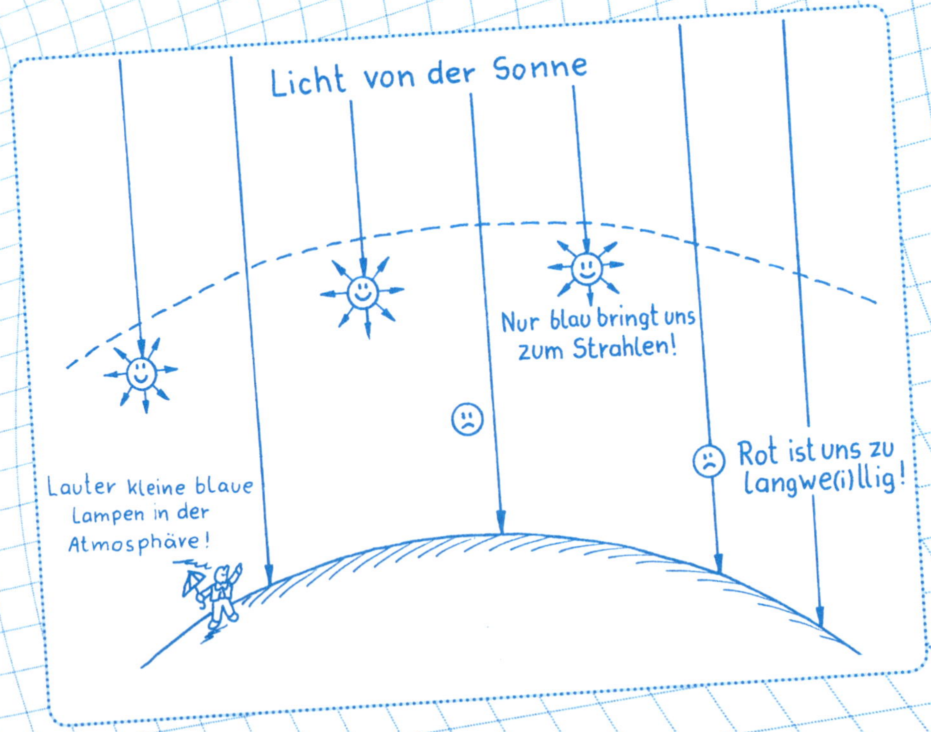

Licht von der Sonne

Nur blau bringt uns zum Strahlen!

Rot ist uns zu langwe(i)llig!

Lauter kleine blaue Lampen in der Atmosphäre!

Beim **Morgenrot** und **Abendrot** fehlt in dem direkt von der Sonne zu uns kommenden Licht der in alle Richtungen gestreute blaue Anteil. Wir sehen deshalb zunächst die Komplementärfarbe Gelb/Orange. Der „Antennen"-Effekt führt auch zur Brechung (*Seite 178*). Dabei wird langwelliges rotes Licht beim Übergang von Vakuum in Luft stärker abgelenkt als kurzwelliges blaues. Am Morgen und am Abend, wenn die Sonne unter dem Horizont und eigentlich gar nicht zu sehen sein könnte, tritt ihr Licht nun ganz flach in die Atmosphäre ein und wird deshalb deutlich erkennbar gebrochen. Das rote Licht dringt am Morgen schon bis zu uns und am Abend erreicht es uns noch, wenn die anderen, vor allem das blaue, bereits an uns vorbeigehen.

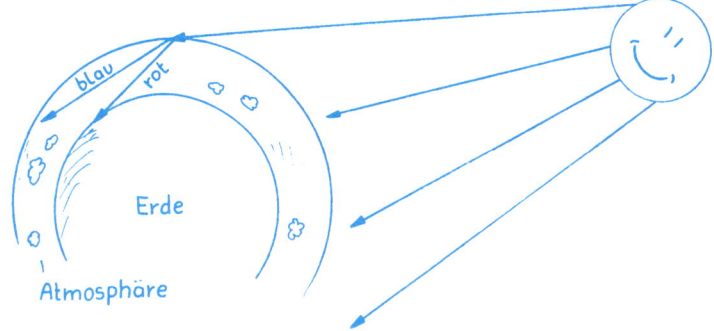

Jede Atomsorte, also jedes chemische Element, kann nur einige bestimmte Energiezustände haben, die für es charakteristisch sind. Diese Zustände nennt man **Energieniveaus**. Zur Unterscheidung der einzelnen Niveaus führte man sogenannte **Quantenzahlen** ein – es würde aber den Rahmen dieses Buchs sprengen, darauf näher einzugehen. Wenn ein Atom eine passende Energieportion aufnimmt, gelangt es auf ein höheres Energieniveau, es wird „angeregt". Sehr bald sendet es die aufgenommene Energie in entsprechenden Photonen wieder aus.

Wenn die Atome unter hohem Druck bei hoher Temperatur nahe beieinander sind und sich heftig bewegen, wie das bei glühenden Gegenständen (Sonne, Glühdraht in Lampen, ...) der Fall ist, dann beeinflussen sich die Atome gegenseitig derart, dass es ungeheuer viele Energieniveaus gibt. Diese können nicht mehr als quantisiert wahrgenommen werden, sondern wirken wie ein Energiekontinuum. Im Interferenzbild sehen wir keine einzelnen Linien mehr, sondern ein **kontinuierliches Spektrum**, wie wir das vom Regenbogen her kennen.

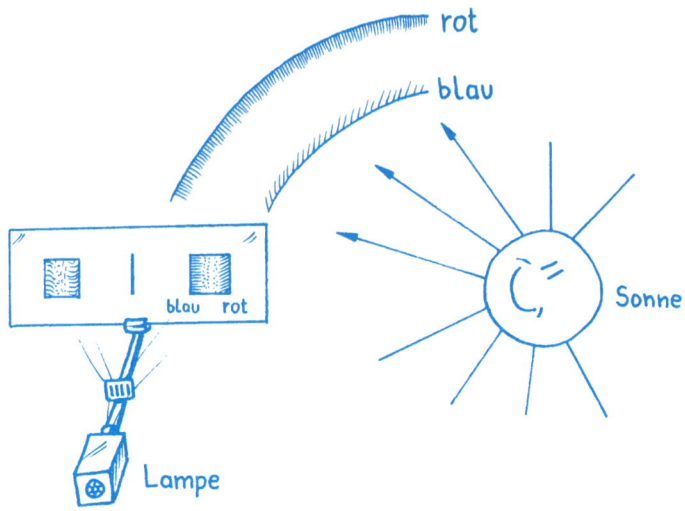

Röntgenlicht

Das für uns sichtbare Licht stammt aus Quantensprüngen, die sich im äußeren Bereich der Atomhülle abspielen. Bei Atomen mit vielen Elektronen in der Atomhülle sind die dem Kern näheren auch stärker an ihn gebunden als die äußeren. Der Effekt wird noch dadurch verstärkt, dass die inneren Elektronen den Kern quasi abschirmen, so dass die äußeren nur eine so kleine Anziehungskraft erfahren, als hätte der Kern eine geringere positive Ladung.

Ein **inneres Elektron** nach außen zu bringen, erfordert demnach verhältnismäßig viel Energie. Wenn ein besonders energiereiches Elektron einen Quantensprung nahe am Atomkern verursacht, dann besitzt auch das dadurch ausgesandte Photon hohe Energie. Dies ist bei **Röntgenstrahlung** der Fall. Röntgenstrahlung wird dadurch erzeugt, dass Elektronen mit großer Bewegungsenergie auf feste Stoffe, z.B. Metalle, geschossen werden. Zum einen senden die Elektronen beim plötzlichen Bremsen nach Art von Antennen Röntgenstrahlung aus.

Dieser Effekt erscheint auch in Fernseh- und Computermonitoren, die deshalb zur **Abschirmung** mit einer dicken Glasscheibe versehen sind. Es gibt aber noch einen zweiten Effekt: Metalle haben relativ viele Elektronen in ihrer Hülle, die alle ganz bestimmte Energieniveaus einnehmen, manche weiter weg vom Kern, manche ganz dicht dran. Die Elektronengeschosse müssen nun so auf die Atome treffen, dass sie ein Elektron in der Nähe des Kerns aus dem Atom herausschlagen. Die beim Auffüllen der Lücke ausgesandten Photonen haben dann eine so hohe Frequenz, dass das Licht außerhalb des für uns sichtbaren Bereichs ist.

Die Wellenlängen liegen im Bereich von 10^{-8} bis 10^{-11} Meter. Zum Nachweis der Interferenzerscheinungen und zur Wellenlängenbestimmung muss man mit sehr kleinen Spaltabständen arbeiten. Diese findet man in Kristallstrukturen, bei denen man die Zwischenräume zwischen Atomen oder Molekülen als Spaltöffnungen benutzt.

Ein sehr komplexes Zusammenspiel verschiedener Einflüsse führt zu einem überraschenden Effekt: Luft, und damit auch die Lufthülle der Erde, ist für das sichtbare Licht durchsichtig. Röntgenstrahlung wird aber schon nach relativ kurzen Entfernungen absorbiert!

Ja was denn nun – Welle oder Teilchen?

Das Modell vom Licht als Wellenpäckchen und vom Elektron als stehender Kreiswelle reichte zunächst vollauf, um die Spektrallinien zu erklären und um aus den Spektralanalysen Energien zu berechnen. Es versagt aber, wenn es um die Erklärung eines anderen Phänomens geht: Die Energie von Wasserwellen erkennt man an ihrer Amplitude. Sie übertragen ständig Energie und bei denjenigen, die die Energie aufnehmen, wird der Effekt umso schneller sichtbar, je größer die Wellenamplitude ist.

Bei der Strahlung ist die gesamte Energie das Produkt aus der Energie eines einzelnen Photons $W = h \cdot f$ mit der Anzahl der Photonen. Das entspricht im Wellenbild der Amplitude. Die **Energie des einzelnen Quants** ist im Wellenbild nicht enthalten. Aber so, wie steter Tropfen den Stein höhlt, kann auch eine Wasserwelle mit geringer Amplitude eine Felsküste anknabbern und zum Einsturz bringen, wenn man ihr nur genügend Zeit lässt.

Bei Licht dagegen ist die Energie der einzelnen Photonen die entscheidende Größe, wenn es um die Änderung der Anordnung der Elektronen im Atom geht: Wenn die aus dem Quantum $h \cdot f$ ermittelte Energie zu gering ist, um ein Elektron auszulösen, dann kann man noch so lange mit dem zu niedrig frequenten Licht beleuchten, es wird nichts passieren. Nimmt man aber Licht von ausreichender Frequenz, dann passiert es sofort.

Diese Vorstellung von dem „ganzen" unteilbaren Energiepäckchen führte dazu, dass man die früher vertretene Meinung, Licht werde in kleinsten Teilchen, den Korpuskeln, übertragen, im Begriff des Photons wieder aufleben ließ. Dass Licht also sowohl Wellen- als auch Teilcheneigenschaften hat, dieser sogenannte **Welle-Teilchen-Dualismus**, hat den Wissenschaftlern lange schwer zu schaffen gemacht. So ein janusköpfiges Etwas passte nicht in das bisherige Weltbild, in dem das Klare, eindeutig Beschreibbare das wissenschaftliche Ideal war.

Aber heute hat man sich zu der Einsicht durchgerungen, dass wir in unserer makroskopischen Welt nichts Vergleichbares, Modellfähiges für die Photonen haben. Es sind **Quantenobjekte**, von denen wir je nach Versuchsanordnung die eine oder die andere Eigenschaft erkennen. Und wir fragen in unseren Versuchen diese Quantenobjekte ja auch nur nach den uns bekannten Dingen: Wir schicken sie durch Doppelspalte, wenn wir ihre Welleneigenschaften überprüfen wollen; wir schauen, ob sie sich teilchenmäßig verhalten, wenn sie mit anderen Quantenobjekten zusammenstoßen, und stellen fest, dass sie sogar einen Impuls haben.

Aber vielleicht sind das ja eben nicht die Fragen, die uns ihr eigentliches Wesen erschließen könnten, so als seien wir Ethnologen in einem uns noch völlig unbekannten Kulturkreis:

Nicht nur Photonen, auch Elektronen verhalten sich manchmal ganz seltsam. In der passenden Versuchsanordnung, wenn man sie richtig fragt, zeigen auch sie Interferenzerscheinungen. Nicht nur, dass sie sich im Atom wie eine stehende Welle benehmen, sie verhalten sich auch ähnlich wie Photonen, wenn man sie durch einen **Doppelspalt** schickt.

Dieser Versuch läuft folgendermaßen ab: Man schießt einzelne Elektronen nacheinander auf einen Doppelspalt. Diejenigen, die hindurchkommen, werden dahinter auf einem Auffangschirm registriert. Zunächst stellt man fest, dass sie ganz willkürlich irgendwo auf dem Schirm landen und nicht etwa so, als seien sie geradeaus durch die eine oder die andere Öffnung des Doppelspalts gekommen. Wenn sehr viele Elektronen nacheinander auf den Schirm treffen, erkennt man in den zufällig verteilten Auftreffstellen dann doch ein System: Sie treffen nie auf Stellen, bei denen das Interferenzmuster einer entsprechenden Lichtwelle dunkel wäre. Die **Auftreffwahrscheinlichkeit** der Elektronen auf den entsprechenden hellen Streifen entspricht der Intensität beim Lichtinterferenzmuster.

Elektronen-
kanone

Auch wenn die Elektronen in großem zeitlichen Abstand, sozusagen unabhängig voneinander, durch den Doppelspalt geschickt werden, fügt sich jedes einzelne Elektron in das Beugungsmuster ein. Man sagt „das Elektron interferiert mit sich selbst". Diese schöne griffige Formulierung darf aber nicht darüber hinwegtäuschen, dass niemand bis heute genau weiß, wie das Elektron „es" macht!

Jedes Elektron verhält sich offenbar hier wie eine Welle; die entsprechende Wellenlänge hängt vom Impuls der Elektronen ab, man nennt sie nach ihrem Entdecker **de Broglie-Wellenlänge**:

$$\lambda = \frac{h}{p} = \frac{h}{m \cdot v}$$

Mit ihrer Hilfe lässt sich nun umgekehrt auch den Photonen über ihre Wellenlänge ein Impuls zuordnen. Dass das nicht nur eine abstrakte Gedankenspielerei ist, beweisen Versuche, in denen Photonen mit frei fliegenden Elektronen zusammenstoßen. Beide Partner verhalten sich wie Billardkugeln, bei deren Stoß der Impuls- und der Energieerhaltungsatz gelten.

Unscharf und zufällig

Noch eine weitere überraschende Eigenschaft haben Quantenobjekte: Sie lassen sich nicht in allen uns interessierenden Einzelheiten präzise erfassen. In der uns vertrauten makroskopischen Welt können wir genau angeben, wo das jeweilige Objekt gerade ist und mit welcher Geschwindigkeit es sich bewegt. Das ist wichtig, um das weitere Verhalten des Objekts vorhersagen zu können.

Quantenobjekte entziehen sich solchen präzisen Vorhersagen dadurch, dass man ihnen nie gleichzeitig einen Ort und einen Impuls (also eine Geschwindigkeit) zuordnen kann. Sie halten sich an die berühmte **Heisenbergsche Unschärferelation**. Diese besagt, dass man weder den Impuls p noch den Ort x eines Objekts genau angeben kann. Für den Impuls muss eine Abweichung Δp einkalkuliert werden und ebenso eine Abweichung Δx für den Weg. Das Produkt der beiden **Abweichungen** muss mindestens so groß sein wie das Plancksche Wirkungsquantum h:

$$\Delta p \cdot \Delta x \geq h$$

Nun ist h mit $6{,}6 \cdot 10^{-34}$ Js ja ziemlich klein, aber mit $9 \cdot 10^{-31}$ kg Elektronenmasse sind die infrage kommenden Impulse ja auch nicht sehr groß. Deshalb kann Δp schon mal 20% von p ausmachen, wenn man Δx entsprechend klein wählt, wie den Abstand 10^{-10} m der Spaltöffnungen beim **Doppelspaltversuch**. Wenn wir also nicht genau bestimmen können, durch welchen Bereich des Doppelspalts und mit welchem Impuls die Elektronen und die Photonen gekommen sind, ist es auch nicht mehr gar so verwunderlich, dass wir nicht vorhersagen können, wo das einzelne Quantenobjekt auftreffen wird.

Die Unschärferelation ist nicht als Folge unserer unzulänglichen Messmethoden aufzufassen, die ja immer Ungenauigkeiten aufweisen. Sie ist auch nicht darin begründet, dass wir mit unseren Messungen das Geschehen beeinflussen, so dass sich das jeweils andere dem Zugriff entzieht, wenn wir das eine messen. Wir können es uns zwar mit unserer makroskopischen Erfahrungsbrille nicht vorstellen, aber es ist eben nicht so, dass ein Quantenobjekt uns wie eine Fastnachtsmaske jeweils nur eines von seinen zwei Gesichtern zuwenden kann. Es ist vielmehr so, dass es gar kein Gesicht hat, wenn wir nicht danach schauen! Erst, wenn wir schauen, eine Frage stellen, einen Versuch durchführen, dann manifestiert sich der Teil, nach dem wir fragen. Alles andere ist **„unbestimmt"**. Jemand, der von einem Fremden nach dem Weg zum Bahnhof gefragt wird, sagt ja nicht auch zugleich mit der Wegbeschreibung, was am Abend im Theater gespielt wird.

Alle diese „nichts Genaues weiß man nicht"-Erkenntnisse führten dazu, dass man sich die Elektronen im Atom nicht mehr auf Kreisbahnen als stehende Wellen um den Kern vorstellt, sondern, dass man ihnen nur Bereiche zuordnen kann, in denen sie sich mit einer gewissen Wahrscheinlichkeit aufhalten. Deshalb nennt man diese Wellen **Wahrscheinlichkeitswellen**.

Den Wellenbäuchen aus dem früheren Modell entsprechen große Aufenthaltswahrscheinlichkeiten. An den Wellenknoten ist die Wahrscheinlichkeit null, ein Elektron zu finden. Die möglichen Aufenthaltsbereiche nennt man **Orbitale**. Orbital heißt eigentlich auch nur „Umlaufbahn", fokussiert aber als Fremdwort unsere Vorstellungskraft nicht so sehr auf die konkreten Bahnen. In der zeichnerischen Darstellung sind die Bereiche, in denen sich das Elektron aufhalten kann, umso intensiver gefärbt, je größer dort die Aufenthaltswahrscheinlichkeit ist.

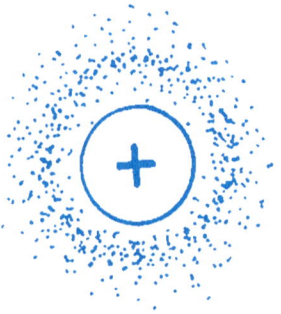

Es dauerte lange, bis die Physiker damit umgehen konnten, dass im Bereich der Quantenobjekte die gewohnte deterministische Auffassung von Ursache und Wirkung durch Wahrscheinlichkeitsaussagen über stochastische Prozesse ersetzt werden musste. Viel zitiert wurde der

Ausspruch Einsteins, der der Überzeugung war, dass es auch für diese Prozesse eine auslösende Ursache geben müsse: „Gott würfelt nicht!"

Da diese Ursache aber bis heute nicht gefunden wurde, haben sich viele Physiker vorerst damit abgefunden, dass er eben doch würfelt.

Wenn ein Atom seinen Energiezustand durch einen **Quantensprung** eines seiner Elektronen verringert, so wird diese Energie in Form von **Licht** ausgesandt.

Die Eigenschaften von Licht können durch eine elektromagnetische Welle oder durch den Begriff **Photon** beschrieben werden.

Die **Energie eines Photons** berechnet sich mit Hilfe des Planckschen Wirkungsquantums h zu $W = h \cdot f$

Auch **Elektronen** zeigen unter bestimmten Bedingungen **Welleneigenschaften**, ihre Wellenlänge errechnet sich aus $\lambda = \dfrac{h}{p} = \dfrac{h}{m \cdot v}$

Quantenobjekte wie Photonen und Elektronen unterliegen der **Heisenbergschen Unschärferelation**: Ort x und Impuls p können für sie nie gleichzeitig genau angegeben werden, die jeweiligen Unschärfen hängen über h zusammen: $\Delta p \cdot \Delta x \geq h$

Kernphysik

Des Pudels Kern, energetisch betrachtet

Vor radioaktiver Strahlung ist man nirgendwo sicher. Sie kommt aus der Atmosphäre, aus dem Erdboden, aus der Nahrung, sogar aus dem Mauerwerk der Gebäude – überall gibt es „strahlende" Elemente.

Bei Licht hatten wir ja schon gesehen, dass Lichtstrahlen aus Photonen bestehen. Die sendet ein Atom aus, wenn es überschüssige Energie wieder abgibt, die es zuvor von außen bekommen hat.

Die radioaktive Strahlung, die von allen Seiten auf uns einwirkt, wird nicht durch eine kürzlich stattgefundene Anregung ausgelöst. Die Atome, die überschüssige Energie auf diese Weise loswerden, haben sie meist schon bei ihrer Entstehung mitbekommen.

Die Entstehung der verschiedenen Elemente stellt man sich als Ergebnis eines „Urknalls" vor, bei dem unsere Welt entstanden sein soll. Dann gab es eine „Ursuppe", in der die Bausteine dieser Welt unter hohem Druck brodelten. Es bildeten sich die Bestandteile der Atomkerne, die sogenannten **Protonen** und **Neutronen**; ihr gemeinsamer „Familienname" lautet **Nukleon**, abgeleitet vom lateinischen Wort nukleus für Kern. Die beiden Nukleonenarten „verklumpten" zu den Kernen der diversen Atomarten. Auch die **Elektronen** der Atomhülle entstanden in diesem Prozess.

Die Protonen sind positiv elektrisch geladen. Ihre Ladung ist genauso groß wie die Elektronenladung, nur eben entgegengesetzt. Die Masse der Protonen ist fast zweitausendmal so groß wie die der Elektronen. Die Neutronen sind elektrisch neutral, ihre Masse ist geringfügig größer als die der Protonen.

Die chemischen Elemente unterscheiden sich durch die Anzahl der Protonen im Kern. Nach dieser Zahl, der **Kernladungszahl**, sind die Elemente im Periodensystem angeordnet, beginnend mit 1 für Wasserstoff. Die Zahl der Neutronen im Kern ist für die einzelnen Elemente nicht genau festgelegt. Die meisten Atomkerne enthalten mindestens genauso viele Neutronen wie Protonen; wenn viele Protonen im Kern sind, ist die Anzahl der Neutronen größer als die der Protonen. Außerdem gibt es zu den meisten Elementen Varianten, die sich bei gleicher Protonenzahl durch die Anzahl der Neutronen unterscheiden. Diese nennt man **Isotope**.

Eisen beispielsweise hat die Kernladungszahl 26. In seinem Kern sind außer den 26 Protonen bei 92 Prozent der Eisenatome 30 Neutronen, es gibt aber auch einen ganz kleinen Prozentsatz von Isotopen mit 28, 31 und 32 Neutronen.

Erstaunlicherweise lassen sich Protonen trotz ihrer gegenseitigen elektrischen Abstoßung auf engstem Raum zusammenhalten. Es muss deshalb eine Anziehungskraft geben, die stärker als diese Abstoßung ist. Das ist die **starke Kernkraft** (auch „**starke Wechselwirkung**" genannt), die bindet alle Nukleonen unabhängig von ihrer Ladung an ihre unmittelbaren Nachbarn. Diese starke Kraft hat aber nur eine geringe Reichweite, praktisch nur bis zum nächsten Nukleon. Im makroskopischen Bereich gibt es nichts Vergleichbares, deshalb kann man sie sich auch schwer vorstellen. Bei den Atomen mit vielen Protonen muss außer der starken Kernkraft noch ein zusätzlicher Effekt für den Zusammenhalt sorgen: Die Neutronen bilden eine Art Puffer zwischen den Protonen. Sie vergrößern deren Abstände voneinander und dadurch wird ja die abstoßende elektrische Kraft kleiner. Deswegen haben die Atome mit großer Ordnungszahl auch wesentlich mehr Neutronen als Protonen, denn das verbessert die Pufferwirkung.

Um die Nukleonen zu einem Kern zusammenzufügen, mussten sie unter großem Energieaufwand ganz dicht aneinander gebracht werden.

Dann erst kann die starke Kernkraft zuschlagen und sie dauerhaft aneinander binden. Bei diesem Prozess verlieren die Nukleonen etwas von ihrer Eigenständigkeit. Ein kleiner Teil ihrer Masse wird in **Bindungsenergie** umgewandelt, die für den Zusammenhalt des Kerns nicht mehr benötigt und deshalb frei wird.

Ehe wir uns dazu ein Beispiel anschauen, sollten wir uns noch um die Maßeinheiten kümmern. Im atomaren Bereich sind die Massen und Energien so klein, dass man sehr unhandlich kleine Zahlen bekommt, wenn man mit Kilogramm und Joule arbeitet. Deshalb ist es üblich, besser angepasste Maßeinheiten zu verwenden.

Als **atomare Masseneinheit u** nimmt man den zwölften Teil der Masse eines Kohlenstoffatoms. Als atomare Energieeinheit wurde die Energie definiert, die ein Elektron erhält, wenn es in einem elektrischen Feld durch die Spannung 1 Volt beschleunigt wurde; man nennt diese **Elektronenvolt** (eV). Die Energien, um die es in den folgenden Beispielen geht, liegen dann meist in der Größenordnung von Mega-Elektronenvolt.

$$1 \, u = 1{,}66 \cdot 10^{-27} \, kg$$

$$1 \, eV = 1{,}602 \cdot 10^{-19} \, J \; (1 \, MeV = 10^6 \, eV).$$

Nun zum versprochenen Beispiel. Wir nehmen Eisen mit der Kernladungszahl 26, und zwar das Isotop mit den 30 Neutronen, und vergleichen die Summe der einzelnen Massen mit der Masse des fertigen Kerns. Dabei ergibt sich wie erwartet ein Unterschied:

Der fertige Kern hat eine um den Massendefekt $m = 0,5159$ u kleinere Masse als die Summe der Einzelmassen. Das entspricht einer Energie von 480,48 MeV. Diese Energie wurde bei der Bildung des Eisenatoms frei und in Bewegungsenergie umgewandelt.

Die Rechnung finden Sie im Internet unter „Eisenbindungsenergie"

Eisenatome senden keine radioaktive Strahlung aus. Eisen ist ein stabiles Element, das nicht von selbst zerfällt. Bei der Entstehung der Elemente in der Ursuppe muss es allerdings ziemlich chaotisch zugegangen sein, denn es bildeten sich nicht nur die energetisch ausgewogenen stabilen Elemente, bei denen die Anzahl der Kernbausteine und die Bindungsenergie in einem ausgeglichenen Verhältnis stehen. Es entstanden auch solche, die noch einen „Reservegroschen" an überschüssiger Energie behalten haben. Bei diesen „überenergetischen" Elementen setzen nun Prozesse ein, die einen etwas veränderten Kern mit weniger Energieüberschuss zur Folge haben.

Die Abgabe der Energie kann auf verschiedene Arten erfolgen; wir beschreiben hier nur die drei wichtigsten: die Ausstrahlung von Energiequanten, die Abspaltung von Kernbestandteilen und die Veränderung der Nukleonen.

Die Ausstrahlung von Energiequanten erfolgt genau wie bei den Elektronen der Atomhülle durch elektromagnetische Strahlung, hier heißt sie **γ-Strahlung**. Genau wie in der Atomhülle gibt es auch für Kerne die Möglichkeit, in einem angeregten Zustand zu sein und beim Zurückgehen in den energetisch niedrigeren Zustand die überschüssige Energie abzugeben. Die möglichen Energiedifferenzen, die bei Atomkernen vorkommen, sind sehr viel größer als die aus der Atomhülle, daher sind γ-Strahlen das hochfrequenteste „Licht", das wir kennen. Die Frequenzen sind im Bereich von 10^{18} Hz bis 10^{20} Hz, das entspricht Energien zwischen 10^4 eV und 10^6 eV.

Die zweite Möglichkeit besteht darin, dass die Kerne einen Teil ihrer Bestandteile abspalten. Seltsamerweise wird bei allen diesen Vorgängen ein gleichartiges Stück abgetrennt: ein Päckchen aus zwei Protonen und zwei Neutronen. Dieses Päckchen nennt man **α-Teilchen**, es entspricht in seiner Zusammensetzung dem Kern des Helium-Atoms. So ein α-Teilchen bekommt noch eine gehörige Portion Bewegungsenergie mit. Die Größe dieser Energie kann man wieder aus dem Massendefekt berechnen, sie liegt meist in der Größenordnung von 5 MeV.

Bei der dritten Möglichkeit werden keine ganzen Nukleonen aus dem Kern herausgeschleudert, sondern nur Teile von ihnen. Dazu werden sie in unterschiedliche Teile aufgespalten: Ein Neutron kann sich in ein Proton, ein Elektron und ein bisher noch nicht erwähntes Teilchen namens Antineutrino aufteilen. Elektron und Antineutrino bekommen dazu noch Bewegungsenergie mit. Die Zerfallsprodukte eines Protons sind ein Neutron, ein Positron, ein Neutrino und Energie.

Das **Neutrino** und das **Antineutrino** sind Teilchen, die Masse, Energie und Impuls haben, aber nicht geladen sind. Mit Materie zeigen sie kaum Wechselwirkung, deshalb machen sie sich fast nicht bemerkbar und sind schwer nachzuweisen. Das **Positron** hat genau die gleichen Eigenschaften wie das Elektron, nur ist seine Ladung positiv.

Da man die Neutrinos und Antineutrinos kaum nachweisen kann, werden meist nur die aus den Protonen herausgeschleuderten Elektronen und die aus den Neutronen herausgeschleuderten Positronen wahrgenommen.

Man nennt sie **β⁻- und β⁺-Strahlen**.

Welcher der Prozesse bei den einzelnen Atomen ablaufen kann, ist in mühevoller Kleinarbeit erforscht und in Tabellen und Listen zusammengestellt worden. Die am häufigsten vorkommenden und wegen ihrer

Anwendungsmöglichkeiten oder ihrer Auswirkungen wichtigsten sind α, β⁻ (meist nur β genannt) und γ-Strahlen. Die Namen haben sie, weil man sie nach ihrer Entdeckung erst einmal benennen wollte und noch gar nicht wusste, aus was sie bestehen.

Durch das Aussenden der radioaktiven Strahlung werden die Atome zu Atomen anderer Elemente. Meist sind diese wieder radioaktiv und verwandeln sich ebenfalls durch die Aussendung von Strahlung. Das kann über viele Zwischenstufen gehen, bis endlich ein stabiles Element als letztes Zerfallsprodukt erreicht ist.

Stochastische Auswertung

Ein einzelnes Atom einer radioaktiven Sorte kann man noch so genau betrachten, man wird nicht herausfinden, wann der Umwandlungsprozess einsetzen wird. Man kann diesen Prozess auch nicht steuern oder durch Erhitzen, Schütteln, Beleuchten oder irgendeinen anderen Einfluss in Gang setzen. Nur für eine sehr große Zahl von Atomen lässt sich eine Aussage über die Wahrscheinlichkeit ihres Zerfalls machen: Die Anzahl derjenigen, die in einem bestimmten Zeitintervall zerfallen, hängt von der aktuellen Gesamtzahl ab. Die grafische Darstellung dieser Gesamtzahl in Abhängigkeit von der Zeit ist bei so einem Prozess immer eine Exponentialfunktion:

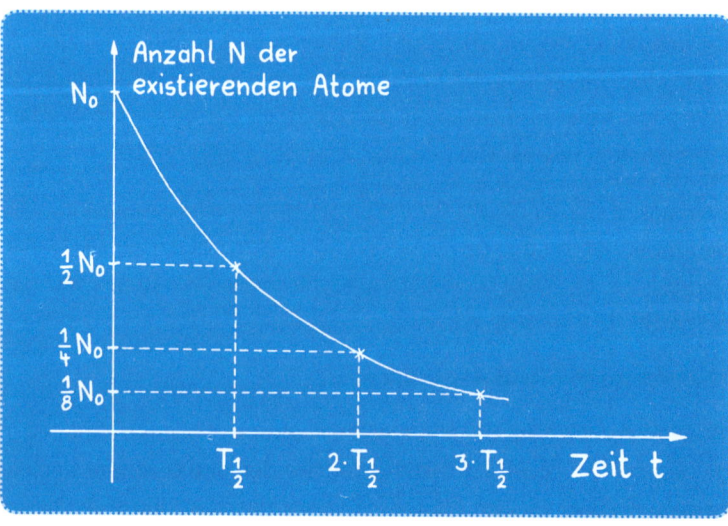

Bei allen solchen Exponentialfunktionen gibt es eine Zeitspanne $T_{1/2}$, nach der jeweils nur noch die Hälfte der ursprünglich vorhandenen Atome existiert, man nennt sie Halbwertszeit. Diese **Halbwertszeit** hat für jede Atomart einen eigenen Wert, auch dieser ist in entsprechenden Verzeichnissen nachzulesen. Die Zeitspannen reichen von Millisekunden bis zu Millionen Jahren. Diejenigen mit den kurzen Halbwertszeiten entstehen durch Zerfallsprozesse immer wieder neu, andernfalls wären sie ja schon längst so gut wie alle zerstrahlt.

Der Faktor λ aus dem Exponenten der Exponentialfunktion enthält diese für jedes Atom charakteristische Halbwertszeit und – wegen des „halb" zusammen mit dem wegen der Abnahme nötigen Minuszeichen – den natürlichen Logarithmus von 2:

$$N(t) = N_0 \cdot e^{-\lambda \cdot t} = N_0 \cdot e^{-\frac{\ln 2}{T_{\frac{1}{2}}} \cdot t}$$

Aufgabe 11: Radioaktivität

Genau den gleichen exponentiellen Verlauf erhält man auch, wenn man aufzeichnet, wie γ-Strahlen die verschiedenen Materialien durchdringen: Bei der Absorption gibt es entsprechend zur Halbwertszeit eine **Halbwertsdicke**, die materialspezifisch ist.

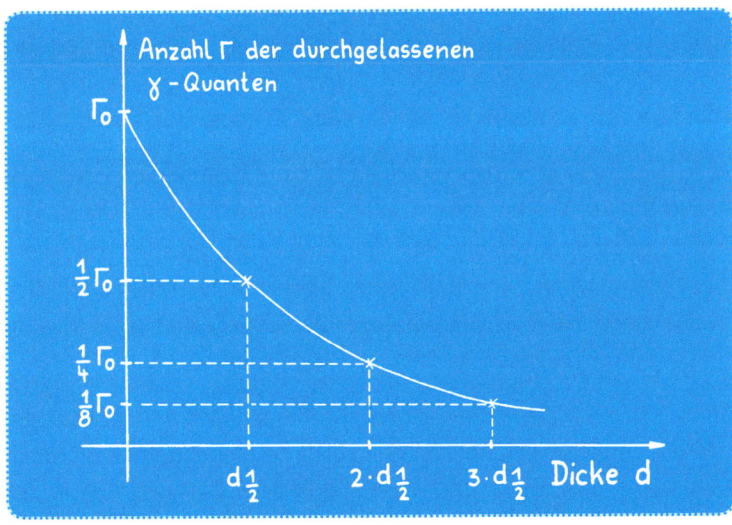

Durch noch so dickes Material kommt also immer noch ein berechenbares bisschen γ-Strahlung durch.

Bei α- und β-Strahlen beruht der Absorptionsvorgang darauf, dass sie als geladene Teilchen durch die Ladungen der Elektronenhüllen anderer Atome abgelenkt oder angezogen werden. Sie stoßen mit ihnen zusammen und geben einen Teil ihrer kinetischen Energie ab. Die Halbwertsdicke für β-Strahlung ist bei den einzelnen Materialien sehr viel kleiner als für γ-Strahlung. Bei α-Strahlung spricht man von „Reichweite", nach der praktisch keine Strahlung mehr feststellbar ist.

Für die Absorption der drei Arten radioaktiver Strahlung gilt grob vereinfachend, aber gut zu merken: „Alpha-Strahlung wird von einem Blatt Papier absorbiert, Beta-Strahlung von einem Buch, Gamma-Strahlung von einer Bibliothek."

Wie nutzt und wie schadet die Strahlung?

Der wesentliche Effekt radioaktiver Strahlung ist die **Ionisation** anderer Atome. Dabei wird den Atomen durch den Aufprall der Strahlung ein Elektron aus der Hülle herausgeschlagen, so dass ein positiv geladenes Restatom, das Ion, entsteht. Die Elektronenhülle ist für die chemische Bindung verantwortlich, deshalb kann sich bei der Ionisation die Art der Bindung verändern. Vor allem biologische Zellstrukturen mit ihren im Vergleich zu Metallen schwachen Bindungskräften können zerstört und die chemischen Abläufe in ihnen verändert werden. Das macht man sich in der Medizin bei der **Krebsbehandlung** zunutze, indem man mit radioaktiver Strahlung gezielt Krebszellen unschädlich macht.

Andere Effekte entstehen aus **Anlagerungsmechanismen**, die zu typischen Konzentrationen führen: Radioaktive Stoffe lagern sich in lebenden Organismen an unterschiedlichen Stellen an, Iod-Isotope zum Beispiel verstärkt in der Schilddrüse. Auch dieser Effekt wird in der Medizin zur Diagnostik und auch zur Behandlung genutzt.

Ähnlich ist auch die Grundlage der **Altersbestimmung** von Fossilien. Lebende Organismen enthalten einen ganz bestimmten Anteil an einem speziellen Kohlenstoff-Isotop, dem radioaktiven C-14 mit 6 Protonen und 8 Neutronen. Zerfallene C-14-Atome werden im lebenden Organismus durch neue ersetzt, so dass der Anteil immer konstant gehalten wird. Stirbt der Organismus, so findet kein C-14-Nachschub mehr statt und der Anteil nimmt exponentiell mit einer Halbwertszeit von 5730 Jahren ab.

Wenn man nun beispielsweise bei einem Stück Holz eines antiken Schiffswracks im Vergleich zu einem lebenden Baum aus derselben Holzart nur noch die Hälfte der C-14-Atome registriert, kann man als Alter für das Schiff 2865 Jahre errechnen. Dieser errechnete Zahlenwert ist allerdings nur ein Richtwert; wie stark mögliche Abweichungen zu berücksichtigen sind, ist Sache der Experten dieses Verfahrens, auch als C-14-Methode oder **Radiokarbon-Methode** bezeichnet.

Die Maßeinheiten für radioaktive Prozesse

Es gibt im Wesentlichen drei Fragestellungen, für deren Beantwortung Maßeinheiten festgelegt wurden: Wie viel und welche Art von Strahlung wird ausgesandt und wie wirkt sie auf andere Stoffe, speziell auf lebende Organismen?

Jedes Atom eines radioaktiven Materials kann nur einmal ein α- oder β-Teilchen aussenden, danach ist es ja in ein Atom eines anderen Elements zerfallen. Auch durch die Aussendung eines γ-Quants verändert sich der strahlungsfähige Zustand des Atoms. Man kann also jede einzelne Aussendung einem Zerfall zuschreiben. Damit erklärt sich das Maß **Aktivität** für die Mengenangabe „wie viel Zerfälle":

Aktivität = Anzahl der Zerfälle pro Sekunde

$$A = \frac{\Delta N}{\Delta t}$$

Maßeinheit Becquerel $(Bq = \frac{1}{s})$

(„pro Sekunde" gibt es auch bei der Frequenzangabe von Schwingungen, dort wird es zu Hertz (Hz) abgekürzt; Hertz verwendet man aber nur bei periodischen, sich immer wiederholenden Vorgängen. Radioaktive Zerfälle sind aber einzelne Prozesse.)

Die Präparate, die beispielsweise in Schule und Universität zu **Demonstrationsversuchen** verwendet werden, enthalten nur wenige Millionstel Gramm des radioaktiven Stoffs. Aber auch in diesen geringen Mengen befinden sich ungeheuer viele Atome und so weisen die Präparate Aktivitäten in der Größenordnung von einigen Millionen Becquerel auf. Im Vergleich dazu wirkt die Aktivität des radioaktiven Gases Radon, das von Gesteinen und Mauerwerk ausgestrahlt wird, recht klein: In gut isolierten Häusern geht man von 50 Bq pro m³ aus. Für ein Zimmer von 40 m³ bedeutet das 2000 Zerfälle pro Sekunde.

Diese Zahlen sagen aber gar nichts darüber aus, wie sich die Strahlung auswirkt. Für die Menschen am wichtigsten ist dabei die Wirkung auf menschliches Gewebe. In diesem Zusammenhang misst man sinnvollerweise die Energie, die von der Strahlung auf das Gewebe übertragen wird. Das Maß dafür ist die **Energiedosis**. „Dosis" bedeutet dabei, dass die Energie auf die Masse des Gewebes bezogen wird, also „pro Kilogramm":

Energiedosis = vom Gewebe aufgenommene Energie pro kg Gewebe

$$D = \frac{W}{m} \; ; \quad \text{die Maßeinheit } \frac{J}{kg} \text{ wird abgekürzt zu Gray (Gy).}$$

Aber auch die Energiedosis sagt noch nicht viel über die Wirkung der Strahlung aus. α-Strahlen mit ihrer vergleichsweise großen Masse, Energie und Ladung ionisieren in dem kleinen Bereich ihrer Reichweite sehr viele Atome. Auch wenn β-Strahlen mit der gleichen Energie genauso viele Ionisationen hervorbringen, verteilt sich das wegen ihrer größeren Reichweite auf einen größeren Bereich. Vom Einfluss der β-Strahlen können sich die Gewebe deshalb besser erholen, sie sind also weniger schädlich als α-Strahlen. Ähnliches gilt für γ-Strahlen.

Um dies rechnerisch zu erfassen, führte man einen Strahlungs-Wichtungsfaktor w_R ein, mit dem die Energiedosis multipliziert werden kann. w_R hat für β und γ den Wert 1, für α den Wert 20.

Das Produkt aus Energiedosis und Strahlungs-Wichtungsfaktor nennt man **Äquivalentdosis** H:

$$H = w_R \cdot D;$$

die Maßeinheit heißt **Sievert** (Sv) und ist eigentlich wie bei der Energiedosis $\frac{J}{kg}$, aber durch den anderen Namen macht man deutlich, dass der Faktor berücksichtigt wurde.

Außerdem kann man noch einen weiteren Faktor w_T einbringen, der die unterschiedliche Empfindlichkeit der verschiedenen Organe berücksichtigt. Die Lunge beispielsweise ist zwölfmal so empfindlich wie die Haut. Addiert man für alle Organe die mit ihrem Faktor w_T multiplizierte Äquivalentdosis, erhält man die sogenannte **effektive Dosis** E, ebenfalls in Sievert gemessen:

$$E = \sum w_T \cdot H$$

α-Strahlen sind für den Menschen zwar sehr gefährlich. Da ihre Reichweite aber schon in Luft sehr gering ist und sie durch die Haut gar nicht durchkommen, können sie praktisch nur durch Einatmen oder Essen in den Körper gelangen. β-Strahlen haben eine größere Reichweite, sie können auch durch die Haut in Gewebe eindringen, deshalb müssen sie besser abgeschirmt werden. γ-Strahlung erfordert eine besonders dicke, besonders gut absorbierende Abschirmung. Dies wird meist durch dicke Bleischichten erreicht.

Name	Bedeutung	Formel	Einheit
Aktivität	Zerfälle pro Zeiteinheit	$A = \frac{\Delta N}{\Delta T}$	$\frac{1}{s} = Bq$
Energiedosis	Energie pro Masseneinheit	$D = \frac{W}{m}$	$\frac{J}{kg} = Gy$
Äquivalentdosis	Einfluss je nach Strahlenart	$H = w_R \cdot D$	$\frac{J}{kg} = Sv$
effektive Dosis	Wirkung auf die Organe	$E = \sum w_T \cdot H$	$\frac{J}{kg} = Sv$

Diese vielen Einheiten werden bei Diskussionen zum **Strahlenschutz** oft von den unterschiedlichen Parteien in für Laien meist verwirrender, unübersichtlicher Weise verwendet.

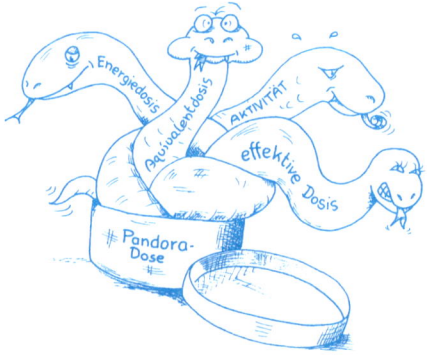

In unserer Umwelt befinden sich überall natürlich vorhandene radioaktive Strahler. Die Anteile an der durchschnittlichen Strahlenbelastung eines Menschen in Europa zeigt die Grafik:

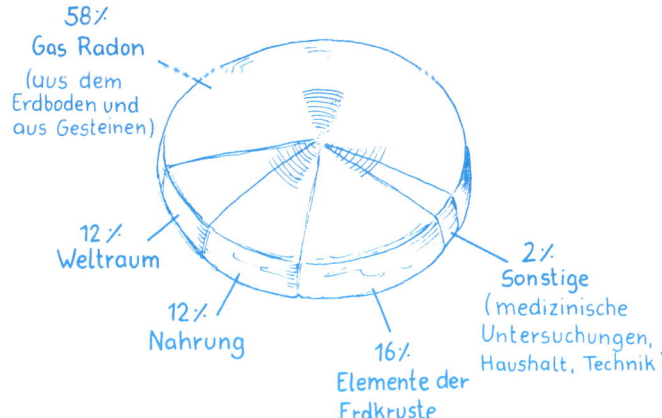

58% Gas Radon (aus dem Erdboden und aus Gesteinen)

12% Weltraum

12% Nahrung

16% Elemente der Erdkruste

2% Sonstige (medizinische Untersuchungen, Haushalt, Technik)

In gut isolierten Gebäuden kann das entstandene Radon nicht entweichen, die effektive Dosis ist dort mit etwa 1,2 Milli-Sievert pro Jahr sechsmal so hoch wie im Freien. Da hilft nur: im Freien schlafen oder immer gut lüften!

Die **gesamte effektive Dosis**, die ein Mensch in der Bundesrepublik durch die natürliche Strahlenexposition erhält, liegt in etwa zwischen einem und fünf Tausendstel Sievert pro Jahr. **Besondere Berufsgruppen** sind einer höheren Belastung ausgesetzt, beispielsweise kommen bei Piloten noch 2 bis 5 Milli-Sievert dazu. Bis zu 50 Tausendstel Sievert pro Jahr, also das Zehnfache davon werden nach den bisherigen Erfahrungen als unbedenklich angesehen.

Mit der natürlichen Strahlenbelastung durch Radon sowie terrestrische und kosmische Strahlung ist der menschliche Organismus bisher relativ gut fertig geworden. Er hat Mechanismen entwickelt, mit denen Schäden repariert werden können, wenn die Schädigungsdichte gering ist. Andererseits sind die durch Strahlung hervorgerufenen Veränderungen im Erbmaterial, unabhängig von einer Beurteilung „gut" oder „schlecht", die **Grundlage neuer Arten**.

Man hat sich darauf geeinigt, jede über das unvermeidbare Maß hinausgehende Strahlenbelastung so gering wie möglich zu halten.

In der medizinischen Therapie oder in der physikalischen Forschung gibt es die folgenden Grundregeln der „**4 A**":

- eine Strahlenquelle mit möglichst geringer Aktivität benutzen,
- auf eine gute Abschirmung achten
- den Abstand von der Strahlenquelle so groß wie möglich halten
- die Aufenthaltsdauer so klein wie möglich halten

Kernfusion

Der radioaktive Kernzerfall ist ein Prozess, der ohne äußeren Auslöse-mechanismus sozusagen von selbst einsetzt und auch nicht durch ir-gendeine Einwirkung beeinflusst werden kann. Es gibt aber auch Kern-umwandlungsprozesse, die von außen gesteuert werden können: die Fusion und die Spaltung. Dabei nutzt man die Abhängigkeit der **Bin-dungsenergie pro Nukleon** von der Gesamtzahl der Nukleonen des Atoms. Diese Bindungsenergie muss aufgebracht werden, um die Bin-dung zu lösen, also den Kern in seine Bestandteile zu zerlegen. Sie wird frei, wenn die Bestandteile zu einem Kern zusammengefügt werden.

Die Abhängigkeit von der Nukleonenzahl ist nun nicht gleichbleibend, etwa proportional zu ihrer Anzahl. Bei kleiner und bei großer Nukleonenzahl ist die Bindungsenergie pro Nukleon kleiner als bei einer mittleren Anzahl. Das Maximum liegt mit ca. 8,5 MeV etwa bei 60 Nukleonen, das ist im Bereich von Eisen.

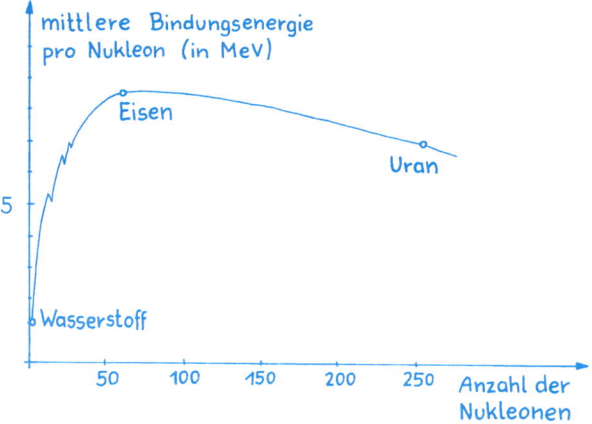

Wenn man also bei der Fusion kleine Kerne zu einem größeren zusammenfügt, wird etwas Energie frei. Die Kerne der schweren Wasserstoff-Isotope **Deuterium** (1 Proton und 1 Neutron) und **Tritium** (1 Proton und 2 Neutronen) ergeben zusammengefügt einen Heliumkern (2 Protonen und 2 Neutronen), dazu noch ein ungebundenes Neutron und etwa 18 MeV freigewordene Energie, die das Helium und das Neutron als Bewegungsenergie mitbekommen. Die Schwierigkeit besteht darin, die beiden Atome zunächst von dem Elektron ihrer Atomhülle zu befreien und die Kerne dann noch so zu beschleunigen, dass sie beim Zusammenstoß die gegenseitige Anziehungskraft überwinden können und die **starke Kernkraft wirken** kann.

Obwohl dieser Prozess ständig in der Sonne abläuft und wir davon unsere Energie in Form von Wärme und Licht beziehen, gelingt die stetige Kernfusion im Labormaßstab bis jetzt nicht. Es wird wohl weitere Jahrzehnte benötigen, bis Physiker und Ingenieure ihre seit etwa 50 Jahren betriebene Arbeit an einem Fusionsreaktor zu einem spektakulären Abschluss bringen: Ein Reaktor dieser Art würde alle Energieprobleme der Erde auf Jahrtausende hinaus lösen, weil die als Brennstoff erforderlichen Isotope im Meerwasser zur Genüge vorhanden sind.

Kernspaltung

Schon lange ist man dagegen in der Lage, die Energiefreisetzung vom anderen Ende her zu benutzen, in Form der Kernspaltung. Hier muss man schwere Kerne dazu bringen, in mittelgroße Bruchstücke zu zerfallen. Dies gelingt, indem man sie **mit Neutronen beschießt**. Man nimmt Neutronen, weil es viel aufwändiger wäre, Protonen in die schweren Kerne hineinzubekommen. Die abstoßende Kraft, die bei der hohen Protonenzahl sehr groß ist, müsste erst überwunden werden, ehe die Kernkraft wirken kann. Das ist wie bei einer bestehenden Clique: Neue Rädelsführer haben es schwer, aufgenommen zu werden. **Unauffällige Mitläufer** können viel eher hineinkommen.

So können die Neutronen wesentlich leichter in den Kern eindringen. Ihre dort frei gewordene Bindungsenergie versetzt den Kern zunächst in einen angeregten Zustand. Statt aber nun einfach in den vorigen Zustand durch Ausspucken des Neutrons zurückzukehren, wird die Gelegenheit genutzt, gründlich aufzuräumen: Der schwere **Kern zerbricht in** meist **zwei kleinere Teile**. Diese beiden kleineren Teile geben nun Bindungsenergie frei, die sie im Unterschied zum schweren Kern nicht mehr benötigen. Wenn beispielsweise ein Atom eines speziellen Uranisotops mithilfe eines Neutrons gespalten wird, gibt es mehrere Spaltungsmöglichkeiten. Bei einer der Möglichkeiten entstehen die beiden Elemente Krypton und Barium, dazu drei ungebundene Neutronen und eine Energie von 173 MeV.

Die drei Neutronen können nun wieder je einen Urankern spalten, wodurch eine **Kettenreaktion** in Gang kommen kann, die in kürzester Zeit den ganzen Vorrat an spaltbaren Uranatomen umsetzt. Es gibt eine **Explosion** mit gewaltiger, schlagartiger Freisetzung der mit der Kernspaltung verbundenen Energie, wie sie von der Atombombe bekannt ist. Im Reaktor dagegen wird die Anzahl der zur Spaltung bereitstehenden Neutronen mithilfe eines **Moderator** genannten Auffangmaterials so eingestellt, dass sich die Reaktion kontinuierlich aufrechterhält. Im Reaktor ist der größte anzunehmende Unfall (GAU) der unerwünschte Übergang zur Kettenreaktion, es gibt aber Konzepte für den Bau neuer Reaktoren, bei denen dieser Fall ausgeschlossen ist.

Jedes Uranatom liefert also $173 \cdot 1,6 \cdot 10^{-13}$ J $= 2,77 \cdot 10^{-11}$ J. Dies ist ein sehr kleiner Wert, deswegen werden für 1 J auch sehr viele Atome gebraucht, nämlich $3,6 \cdot 10^{10}$.

Es müssen zudem auch noch die richtigen sein, die **Isotope U-235**. Diese kommen aber im natürlichen Uranerz nur zu 0,7 % vor, der Rest ist hauptsächlich U-238. Aus technischen Gründen muss aber der U-235-Anteil mindestens 3,5 % sein. Das Uranerz muss also auf das Fünffache des natürlichen Prozentsatzes mit U-235 angereichert werden, was ein ziemlich aufwändiger Prozess ist.

Zum Vergleich: Ein Würfel aus **Natururan** von 1 cm Kantenlänge enthielte ein Würfelchen von 2 mm Kantenlänge U-235, der Würfel aus dem angereicherten Uran dagegen eins von 3,5 mm. Man braucht etwa die fünffache Menge Natururan, um auf das angereicherte Uran zu kommen.

Der Rest ist Abfall

Dieser Würfel aus dem **angereicherten Uran** liefert soviel Energie, wie 20 Niagarafall-Kraftwerke in einer Sekunde. Da wir in Kapitel 1 den Gesamtenergieverbrauch Deutschlands im Jahr 2009 mit der Lieferung von etwa 27,5 Niagarafall-Kraftwerken verglichen haben, und da das Jahr ca. 31,5 Millionen Sekunden hat, bräuchten wir dafür rund 43 Millionen Uranwürfel. Zusammen ergeben die einen großen Würfel mit gut 3,5 Meter Kantenlänge und etwa 770 Tonnen Masse. **Der Würfel aus reinem U-235**, den man sich darin enthalten denken kann, hat eine **Kantenlänge von gut einem Meter** und eine Masse von rund 27000 Kilogramm. Wie wenig das ist, und wie viel Energie darin enthalten ist, erkennt man am besten, wenn man diesen Würfel mit der Menge Kohle vergleicht, die etwa dieselbe Energie liefern würde: Der Würfel aus Steinkohle hätte eine Masse von etwa 190 Millionen Kilogramm und eine Kantenlänge von 516 Metern.

Bei der Fusion treten nur harmlose nichtradioaktive Elemente als Ausgangs- und Endprodukte auf und die Ausgangsprodukte kann man zudem noch ziemlich leicht erhalten. Bei der Kernspaltung dagegen sind sowohl der Ausgangsstoff Uran als auch die Zerfallsprodukte radioaktiv. Daraus resultieren die Probleme der Entsorgung. Zudem muss das natürliche Material mit viel Aufwand angereichert werden.

Bei der **Kernspaltung entsteht jedoch kein CO_2** wie bei den Kohlekraftwerken, deren CO_2-Ausstoß als einer der wesentlichen Faktoren für die bedrohliche Klimaveränderung gilt. Die erneuerbaren Energien aus Wind- und Wasserkraft und die Sonnenenergie können jedoch zurzeit noch nicht so weit genutzt werden, dass sie die vorhandenen Kraftwerke ersetzen könnten.

Daher ist es das wichtigste **Forschungsziel** im Energiebereich, neuartige Energiequellen zu erschließen und nutzbare Energie auf ganz neue Weise zu gewinnen. Aber „umsonst" werden wir die Energie für unseren gewohnten Komfort und Lebensstandard nicht bekommen. Wir müssen in Zukunft viel sparsamer damit umgehen und auch Geräte und Fahrzeuge entwickeln, deren Energiebedarf viel geringer ist als derjenige der heutigen.

Natürliche radioaktive Strahlung gibt es in Form von α, β und γ-Strahlung. Die radioaktiven Elemente senden dabei Heliumkerne, Elektronen bzw. elektromagnetische Strahlung aus.

Die Maßeinheiten in der Kernphysik sind

Atomare Masseneinheit: $1u = 1,66 \cdot 10^{-27}\,kg$

Atomare Energieeinheit: $1eV = 1,602 \cdot 10^{-19}\,J$

Wann ein einzelnes Atom seine überschüssige Energie in Form von Strahlung aussenden wird, ist weder zu beeinflussen, noch vorherzusagen. Es gibt lediglich für eine statistische Aussage über die **Halbwertszeit**, die sich auf eine große Anzahl von Atomen bezieht.

Zur Ermittlung der möglichen **Auswirkung der Strahlung** dienen die Größen Aktivität, Energiedosis, Äquivalentdosis und effektive Dosis.

Eine kontrollierte Energiegewinnung kann durch künstlich erzeugte Prozesse wie **Kernfusion** oder **Kernspaltung** erfolgen.

Hier müssen wir nun leider unseren Streifzug durch die Physik beenden, denn mehr Seiten haben in dem kleinen Buch keinen Platz! Aber wenn Sie jetzt Lust auf mehr bekommen haben, schauen Sie doch in den Anhang, da gibt es ein paar interessante Tipps!

Also tschüss, danke fürs Durchhalten und toitoitoi weiterhin!

Anhang

Praxistraining
Alles klar?

Hier finden Sie zur Übung einige typische Prüfungsaufgaben und deren Ergebnisse. Unter *www.pearson-studium.de* finden Sie unter dem Namen der jeweiligen Übungsaufgabe die ausführliche Lösung dazu.

Zu Teil I gibt es keine gesonderten Aufgaben, denn die dort erläuterten Grundbegriffe kommen in den folgenden Teilen II–V zur Anwendung. Außerdem finden Sie ein paar Bilder des Buchs; Sie können sie als Folie verwenden, wenn Sie sie in Ihren Unterricht oder in Ihr Referat integrieren möchten.

Aufgaben zu Teil II Mechanische Erlebnisse

A1: **Kräfteparallelogramm**
Zwei Kräfte F_1 = 5 N und F_2 = 8N greifen an demselben Punkt an und bilden miteinander einen Winkel α von 50°. Ermitteln Sie die Ersatzkraft F und den Winkel β, den F mit F_2 bildet.

Hilfe: Sie können die Aufgabe zeichnerisch mit einem Kräfteparallelogramm lösen oder rechnerisch mit dem Cosinussatz für nichtrechtwinklige Dreiecke.

Ergebnis: $F \approx 12$ N $\beta \approx 19°$

A2: **Impuls**
Ein PKW mit der Masse m_1 = 1000 kg wird zügig rückwärts eingeparkt mit der Geschwindigkeit v = 5 m/s. Der Fahrer übersieht dabei einen abgestellten Rollenkoffer der Masse m_2 = 10 kg und stößt ihn weg.

Mit welcher Geschwindigkeit bewegen sich PKW und Koffer nach dem Zusammenstoß?

Hilfe: Bilden Sie aus der Summe der Impulse vor und nach dem Zusammenstoß sowie entsprechend der Summe der kinetischen Energien ein Gleichungssystem mit zwei Gleichungen für die beiden Geschwindigkeiten nach dem Zusammenstoß.

Ergebnis: Der Pkw fährt fast mit der gleichen Geschwindigkeit weiter, der Koffer wird mit der doppelten Geschwindigkeit weggeschleudert.

A3: Bremsweg und Reibungskraft

Ein Autofahrer, dessen Auto nicht mit ABS ausgestattet ist, muss eine Vollbremsung machen und kommt mit blockierten Bremsen so gerade eben noch vor dem Hindernis zu stehen. Seine Bremsspur wird von der Polizei mit 50 Meter gemessen. Er beteuert, höchstens ein bis zwei Stundenkilometer schneller als die erlaubten 50 km/h gefahren zu sein.

Kann die Polizei ihm das Gegenteil nachweisen?

Hilfe: Die Reibungskraft bei blockierten Bremsen beträgt etwa 30% der Gewichtskraft eines Fahrzeugs. Daraus können Sie mithilfe des Newtonschen Grundgesetzes die Bremsbeschleunigung ermitteln. Dann setzen Sie alle bekannten Werte in die Formeln für die Bremsbewegung aus Kapitel 4 ein und lösen nach der Anfangsgeschwindigkeit auf.

Ergebnis: Der Fahrer fuhr mit ca. 62 km/h doch etwas schneller als behauptet.

A4: Kraft und Masse

(a) Mit welcher Gravitationskraft ziehen Erde und Mond einander an?

Die Masse der Erde beträgt rund $6 \cdot 10^{24}$ kg, sie ist etwa 81 Mal so groß wie die Masse des Mondes. Die beiden sind ca $3,8 \cdot 10^5$ km voneinander entfernt.

(b) Welche Geschwindigkeit hat der Mond beim Umkreisen der Erde und welche Zeit braucht er für einen Umlauf?

Hilfe: Benutzen Sie die Formeln aus Kapitel 3 für die Gravitationskraft und aus Kapitel 4 für die Kreisbewegung

Ergebnisse: (a) $F \approx 2 \cdot 10^{20}$ N

$\qquad$ (b) $v \approx 1028 \, \frac{m}{s}$; t $\approx$ 27 Tage

A5: **Druck**

Eine Luftblase vom Volumen 6 cm³ steigt bei konstanter Temperatur in Wasser aus 5 m Tiefe an die Oberfläche.

Wie groß ist ihr Volumen direkt an der Oberfläche, kurz vor dem Platzen?

Hilfe: Benutzen Sie die Formel für den Flüssigkeitsdruck aus dem Kapitel „Druck" und vergessen Sie nicht den Luftdruck.

Ergebnis: Das Volumen ist jetzt 9 cm³.

Aufgabe zum Teil III Warme Empfehlungen

A6: **Wasserkocher**

Mit einem Wasserkocher der elektrischen Leistung 1 kW wird 1 Liter Wasser von 20 °C zum Sieden gebracht.

Wie lange dauert das mindestens? Wie lange dauert es dann, bis die Hälfte des Wassers verdampft ist?

Hilfe: Die Zahlenwerte für die spezifische Wärmekapazität und die Verdampfungswärme von Wasser finden Sie im Kapitel „Wärme".

Ergebnis: Bis zum Sieden braucht es ca 5½ Minuten, zum Verdampfen mindestens knapp 19 Minuten.

Aufgaben zum Teil IV Elektrisierende Erkenntnisse

A7: **Potenzial**

Berechnen Sie Feldstärke und Potenzial eines Felds um eine positive Ladung $Q = 3 \cdot 10^{-9}$ C an einer Stelle 5 cm von der Ladung entfernt. Wie groß ist die Spannung zwischen dieser Stelle und einer 6 cm von der Ladung entfernten Stelle?

Hilfe: Sie brauchen die Formeln für Feldstärke, Potenzial und Potenzialdifferenz aus Kapitel 7.

Ergebnis: $E = 10800$ N/C $\varphi(5\text{cm}) = 540$ V $U = 90$ V

A8: **Elektrostatischer Filter**

Wir versetzen uns in die Lage eines Konstrukteurs für elektrostatische Filter. Diese werden z.B. in Kraftwerken benutzt, um Staubpartikel aus der Abluft herauszufiltern. Die Staubpartikel werden zunächst elektrostatisch aufgeladen und dann durch ein kondensatorähnliches Feld geblasen. Dieses Feld kann so aussehen wie in Kapitel 7 das homogene Feld. In dem Feld bewegen sich die geladenen Partikel auf einer gekrümmten Bahn auf diejenige Platte zu, die zu ihrer Ladung entgegengesetzt geladen ist. Die Konstrukteure dieser Anlage müssen die Platten so lang machen, dass ganz sicher alle Staubpartikel auf einer Platte landen, ehe der Luftstrom den Kondensator verlässt.

Von den Staubpartikeln weiß man, dass sie eine durchschnittliche Masse von $5 \cdot 10^{-12}$ kg haben, etwa auf $8 \cdot 10^{-18}$ C aufgeladen werden und mit der Geschwindigkeit von 0,5 m/s durch das Feld geschickt werden können. Die Kondensatorspannung kann 10 kV betragen bei einem Plattenabstand von 4 cm.

Berechnen Sie die Mindestlänge des Filters.

Hilfe: Denken Sie an den waagerechten Wurf. Berechnen Sie erst die Kraft, mit der die Staubpartikel auf eine Platte zu beschleunigt werden, und dann die Zeit für die beiden Bewegungskomponenten.

Frgebnis: Die Platten müssen mindestens 22,5 cm lang sein.

A9: **Widerstände in verzweigten Gleichstromkreisen**

Zwei Widerstände $R_1 = 10 \ \Omega$ und $R_2 = 20 \ \Omega$ sollen

(a) in Reihe und

(b) parallel

an 100 V angeschlossen werden.

Berechnen Sie den Gesamtwiderstand, die Stromstärke und die an den Widerständen anliegende Spannung sowie die Leistung und die in 1 Minute geleistete Stromarbeit.

Hilfe: Schauen Sie in die Tabelle am Ende von Kapitel 8.

Ergebnisse: (a) 30 Ω / 3,3 A / 33,3 V / 66,7 V / 330 W / 0,0055 kWh

(b) 6,7 Ω / 15 A / 100 V / 100 V / 1,5 kW / 0,025 kWh

A10 Graetzschaltung
Die Schaltskizze stellt eine der einfachsten Gleichrichterschaltungen dar. Überzeugen Sie sich, dass durch die Lampe („Brücke") ein pulsierender Gleichstrom fließt.

Hilfe: Verfolgen Sie den Weg der Elektronen, die von der Stromquelle kommen: Durch welche Dioden kommen sie durch und können durch die Lampe fließen? Unterscheiden Sie dabei die entgegengesetzt gepolten Bereiche A und B des Wechselstroms.

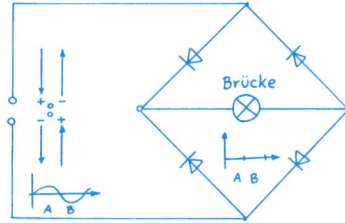

Ergebnis: Hier gibt es keinen Zahlenwert als Ergebnis, sondern einen Graph; Sie finden diesen und die Begründungen dazu im Internet.

Aufgabe zum Teil V Quantenhafte Erleuchtungen

A11 Radioaktivität
Eine radioaktive Probe mit der Halbwertszeit $T_{1/2}$ = 4 Minuten hat zum Zeitpunkt t = 0 eine Aktivität von $3 \cdot 10^4$ Bq.

Wie groß ist die Aktivität nach 6, 8, 12 Minuten?

Hilfe: Benutzen Sie für die Aktivität bei t = 6 Minuten die Formel aus Kapitel 13, für die anderen Werte den „gesunden Menschenverstand" (Halbwertszeit!).

Ergebnis: 1,06 / 0,75 / 0,375 jeweils 10^4 Bq

Weiterführende Literatur

Die folgenden Hinweise stellen keine vollständige Ubersicht dar, sondern sind eine ganz subjektive Auswahl der Autorin, der gerade diese Bücher unter den genannten Gesichtspunkten besonders gut gefallen haben.

Wenn Sie Lust haben, noch mehr über Physik zu lesen, aber „Lehrbücher" nicht Ihr Ding sind:

[1] Kakalios, Hahn, Gerstner: **Physik der Superhelden**,
Rororo TB 2. Aufl. 2008, ISBN: 978-3499623165
Ein völlig ungewöhnlicher Zugang zur Physik: Am Beispiel von Batman und Co. werden physikalische Probleme erörtert, z.B. wie groß die Gravitationskonstante des Planeten sein muss, auf dem der Superheld aufgewachsen ist, der ein Hochhaus mit einem Satz überspringen kann.

[2] Metin Tolan: **So werden wir Weltmeister: Die Physik des Fußballspiels**
Piper Verlag München 2010-07-04, ISBN: 978-3-492-05355-6
Nicht nur alle vier Jahre aktuell – kann sogar völlig Fußballuninteressierte faszinieren!

[3] Lewis C. Epstein: **Denksport Physik Fragen und Antworten**
Deutscher Taschenbuch Verlag München 7. Auflage 2009, ISBN 978-3-423-24556-2
Originelle Aufgaben aus dem Alltag oder interessante Konstellationen, bei deren Lösung der gesunde Menschenverstand nicht immer besser ist als physikalische Kenntnisse. Alle Aufgaben mit Lösungen und genauer Erklärung; kaum Rechnungen nötig, es geht um das genaue Durchdenken und Anwenden physikalischer Strukturen.

Ein Lehrbuch ist Ihnen zu langatmig, Sie brauchen Fakten, kurz, knapp und umfassend:

[4] Hans-Peter Götz: **Physik Pocket Teacher ABI**   Sek II Neubearbeitung Physik Basiswissen Oberstufe
Cornelsen Verlag Berlin 2007, ISBN: 3-589-21360-4
Kurz und knapp und gut auf gut 250 Seiten.

[5] Steffen Beuthan: **Physik Abi-Countdown Physik Grundkurs**
Manz Verlag München 3. Aufl. 2004, ISBN: 3-7863-5400-6
Vorgerechnete Beispielaufgaben, viele Aufgaben mit Lösungshinweisen und Ergebnissen.

Und nun müssen Sie noch trainieren, trainieren, trainieren:

[6] Helmut Lindner: **Physikalische Aufgaben: 1201 Aufgaben mit Lösungen aus allen Gebieten der Physik**
Hanser Verlag 35.Aufl. 2009, ISBN: 978-3446417834
Ein Klassiker – wenn Sie die Aufgaben alle durchhaben ...! Mit Lösungen und manchmal Skizzen zum Lösungsweg

Oder Sie sind neugierig und mutig:

[7] Douglas C. Giancoli: **Physik**
Pearson Studium München 3. Aufl. 2009, ISBN: 3-8273-7157-0
Die Physik-„Bibel", 1600 Seiten! Aber blättern Sie doch mal durch und lassen Sie sich von den vielen interessanten Anwendungsbereichen und Aufgaben aus dem alltäglichen Leben beeindrucken und begeistern!

Wenn Ihnen zum Verständnis der Physik oft die mathematische Grundlage fehlt:

[8] Partoll, Wagner, Küstenmacher: **Mathe macchiato**
Pearson Studium München 2. Auflage 2010, ISBN 978-3-86894-026-8
und
Partoll, Wagner, Fejes: **Mathe macchiato Analysis**
Pearson Studium München 2. Auflage 2010, ISBN 978-3-869-4027-5
Die gleiche Art, Ihnen mit Cartoons Aha-Effekte zu vermitteln, wie bei Physik macchiato

Oder sind Sie eigentlich mehr „kulturell-schöngeistig" interessiert:

[9] Karl Wulff: **Naturwissenschaften im Kulturvergleich Europa – Islam – China**
Verlag Harri Deutsch Frankfurt am Main 2006, ISBN: 3-8171-1782-5
Der Titel spricht für sich! Ungeheuer spannend und interessant.

Stichwortverzeichnis

Mathe macchiato Analysis - Lernen mit Spaß und Verständnis

Die macchiato-Reihe steht für ein pädagogisches Konzept, durch Cartoons und Humor Einsichten und Aha-Momente auszulösen. Analysis wird im Studium vorausgesetzt, aber im Abi nicht genügend trainiert. Die 2., aktualisierte Auflage von Mathe macchiato Analysis soll die Schüler und Studenten noch stärker unterstützen. Das Buch enthält u.a. einen komplett neuen Teil zu Funktionen in mehreren Variablen und inhaltliche Ergänzungen zu Interpolationen. Zudem erscheint das Buch im komplett neuen Design und enthält zahlreiche macchiato-Piktogramme für einen besseren Überblick. Im Einband bietet eine gezielte illustrierte Formelauswahl dem Leser die wichtigsten Formeln als Hilfestellung.

Mathe macchiato Analysis

Heinz Partoll; Irmgard Wagner; Peter Fejes
ISBN 978-3-8689-4027-5
16.95 EUR [D]

Pearson-Studium-Produkte erhalten Sie im Buchhandel und Fachhandel
Pearson Education Deutschland GmbH
Martin-Kollar-Str. 10-12 • D-81829 München
Tel. (089) 46 00 3 - 222 • Fax (089) 46 00 3 -100 • www.pearson-studium.de